大師精選輯
Master featured

陳文正的世界烘焙
Chen wen-zheng's baking world!

★ 2020/2016 德國 IKA 奧林匹克世界廚藝競賽金牌 & 銅牌

★ 2018 盧森堡世界盃國際廚藝競賽金牌

★ 全國技能競賽麵包職類裁判、裁判長

★ 全國商業類烘焙技藝競賽裁判及命題委員

陳文正一著

作者序

出生單親家境並不優渥，母親期盼我能自力更生，於是介紹我到麵包店當學徒，直到服完兵役退伍後，繼續從事烘焙相關行業至今共 30 年，從麵包店至西餐廳再到五星級飯店點心房工作，由國立餐旅大學烘焙管理系及國立海洋大學兼任專技助理教授共十餘年，現職在北部餐飲系最知名的『北景文』景文科大，擔任專任副教授技術級教師。

任職期間除了自己參加多項國際世界賽事得獎，也多次帶領學生征戰亞洲及世界多個城市與國家，連連獲獎，個人與所指導的學生，前後榮獲教育部『技職之光 - 競賽績優獎』殊榮肯定。並多次獲邀擔任經濟部商業司『台灣餅』選拔審核委員，也在『全國技能競賽』及『全國商業類烘焙技藝競賽』擔任裁判、命題及裁判長職務，執行過多次烘培檢定考場監評及全國考場業務稽核委員，無論是在教學經驗或技術專業能力，皆有完整的實務歷練。

《陳文正的世界烘焙：大師精選輯》是個人的第三本著作，跟先前《NEW 藝術麵包製作大全》與《百變蛋糕裝飾》這兩本著作的技術方向與領域截然不同，前兩本是烘焙藝術製作技術類型，而這本新書是一本烘焙實務教學專書，裡面匯集了我個人畢生所學，來自世界各地 51 道專業食譜製作，分為麵包、西點、蛋糕、鹹味與甜味風味塔及烘焙伴手禮等，讓讀者能學習到流行於世界各地的美味麵包糕點，如法式栗子蒙布朗，義大利佛羅倫斯脆餅，美式布朗尼巧克力，英式鬆餅，墨西哥莎莎餅、德式薄餅、猶太貝果麵包及日本白麵包等等，還有流行於台灣本地的各項麵包糕點等。

除此之外本書籍更添加了現今年輕讀者所喜愛的造型饅頭及糖霜餅乾等項目，書籍後有烘焙中英文字對照及烘焙製作時所需的相關技術和常識，是一本讓您在輕鬆學習後就能製作的烘焙專業食譜著作，書籍內容精緻且多樣化，絕對值得消費者的您青睞與典藏！

景文科技大學餐飲系副教授級技術教師 **陳文正**

烘焙乃融合科學與人文藝術涵養，結合科學原理、純熟技術與創意的展現，其為廚藝代表之一。

陳文正副教授級技術教師曾榮獲 2018 盧森堡世界盃國際廚藝競賽金牌、2016、2020 德國 IKA 奧林匹克世界烹飪大賽藝術展示組金牌 / 銅牌與教育部頒第 15 屆「技職之光 - 競賽績優」教師組獎等殊榮；且他在業界經驗豐富，在大學任教多年，造就許多優秀人才。

文正老師以其豐富的國際級烘焙的經驗，傳遞精湛技術與藝術涵養莘莘學子，更以身教激發學生烘焙產品製作的興趣與熱忱，深受學生喜愛，促使學生在國際競賽嶄露頭角，2020 指導劉姿伶、廖正宇兩位學生榮獲教育部「技職之光 - 學生組」獎。

文正老師繼出版《藝術麵包》一書之後，再推出《大師精選輯　陳文正的世界烘焙》，內容經大師精心挑選，將其創新見解與技術透過著書傳承，嘉惠有志學習者，閱讀這本值得推薦的烘焙專書，俾受益良多。

實踐大學教授 / 景文科大榮譽講座教授　**洪久賢**

推薦序

無論是麵包、蛋糕、餅乾等各式甜點，都是我們生活中不可或缺的一部分，但是要成為一位專業的「烘焙師」，對任何人而言，就不是一件容易的事情了。當陳文正老師要我為他的新書《大師精選輯　陳文正的世界烘焙》寫推薦序時，我一口就答應，因為期待他的大作能夠造福更多學子。

陳文正老師加入我們景文科大餐飲系的團隊接近十年了，在這段期間，不但指導劉姿伶、廖正宇兩位同學榮獲教育部「技職之光 - 學生組」獎，自己也積極參加各項國際烘焙大賽，佳績卓著，因此在 2019 年榮獲教育部「技職之光 - 教師組」最高榮譽獎。

《大師精選輯　陳文正的世界烘焙》內容非常豐富，除了展示麵包、蛋糕、西式點心、餅乾等各式烘焙技巧外，還包含了烘焙常用材料及工具的介紹，以及烘焙實務專業常識和英文參考。這本精彩的著作，值得同學們人手一本，成為學習烘焙專業必備的參考用書！

景文科技大學校長　**于第**

推薦序

認識陳文正老師多年，了解他是一個熱情、實事求是且急性子的好人，陳老師的世界跟烘焙分不開，總是安排著大大小小的烘焙相關比賽、課程、研習等。過去在景文科大服務期間，帶領烘焙選手跑遍各國 WACS 的 A 級賽事，為校爭光外自己和學生也拿了無數金牌，可以說是金牌指導教練；也因如此，陳老師及指導的兩位學生也獲得教育部技職之光殊榮。

另外，陳老師也擔任烘焙國際競賽的評審及籌劃者，全國技能競賽儲備裁判長等。個人非常感佩陳老師正面積極的個性，也感謝他為學院及餐飲系上付出許多，是一位不可多得的優秀同事。

《陳文正的世界烘焙：大師精選輯》是陳老師將畢生烘焙所學融入在本書中，包括烘焙常用材料、工具、精緻西點與創意蛋糕、餅乾與流行風味塔、節慶伴手禮等，都是烘焙領域重要知識及技術，內含陳老師在烘焙領域的獨到見解，相信讀者讀完後會賦予好評及讚美，期待國內烘焙老師選用陳老師此書為教科書，這是一本烘焙領域值得詳讀的技術指南書！

景文科技大學觀光餐旅學院院長 教授 **胡宜蓁**

陳文正任職於景文科技大學六年餘，之前曾在國立高雄餐飲大學烘焙管理系兼任十年，並在稻江科大及大葉大學陸續擔任專任教職期間，個人很用心研修藝術麵包新技術，也積極熱心發展烘焙教學，培育數多烘焙新秀學子得獎，於 2015~2020 期間，帶領學生一起前往歐洲參加 WACS 認證最高規格賽事，在德國 IKA 奧林匹克世界廚藝競賽及盧森堡世界盃國際廚藝競賽分別以優秀成績榮獲多項獎牌，並協助行政院勞動部辦理『全國技能競賽麵包職類』擔任分區裁判長一職，多次克盡職責完成國家賽事推動。

認識陳老師是在漢來大飯店任職期間，他在業界經歷相當豐富，曾在高雄霖園飯店、晶華酒店、漢王大飯店及金典酒店，擔任西式點心房領班、副主廚及主廚職位共 13 年，國際飯店資歷實務健全，烘焙專業技術更是出眾，《大師精選輯　陳文正的世界烘焙》是本專業又實用的烘焙專書，匯集陳老師近 30 年所學世界級烘焙產品製作技術，值得為您推薦！

國立高雄餐旅大學烘焙管理系專技教授 **廖漢雄**

親愛的讀者們，很高興有機會向大家推薦這本令人驚豔的烘焙專書。

作為本書作者－陳文正老師在「景文科技大學」的同事，陳老師也是我們「台灣廚藝美食協會」的一員，我有幸與他一同在教學的領域中攜手前行，見證了他在烘焙實務教學上的認真與負責。

擁有六年多的教職經驗，曾擔任過餐飲管理系副系主任的陳老師，一直以來都致力於烘焙領域的教學。

《大師精選輯 陳文正的世界烘焙》這本烘焙專書的獨特之處在於其內容豐富吸引，全書以實務教學模式拍攝，老師也巧妙地選擇了菜單，不僅包含了世界各地的經典糕點與麵包，更融入了東南亞與台灣當地的特色。無論您是初學者還是經驗豐富的廚藝愛好者，這本書都能夠滿足您對於烘焙藝術的好奇心與追求。我誠摯地向廣大的讀者們推薦這本充滿熱情與專業的烘焙專書，相信它將成為您烘焙之旅的良伴！

台灣廚藝美食協會 會長 **何育任**

記得在 2015 年，香港 HOFEX 烹飪大賽，文正的參賽作品是藝術麵包，絹印的技法，主題是媽祖，香港的氣候高溫潮濕，當天早上組裝的時候看他憂心忡忡，一直不順利，直到評審開始打分數，結束後開放進場，衝去看作品，我找到他後問：成績如何？他愁眉苦臉地說：媽祖倒了！媽祖倒了！我前去看作品，麵包烘得不夠乾燥，所以媽祖倒了！不予計分。

塞翁失馬，焉知非福，這樣的慘痛經驗，造就 2016 年德國奧林匹克大賽 1 金 1 銅、2018 盧森堡世界盃的金牌。

執著、專注、吸取教訓、修正、拿到 WACS 最高比賽的金牌，這就是文正老師的寫照，文正老師這次出書，彰顯他不只是會比賽，更能接地氣的製作麵包，將他畢生所學留下，嘉惠後進，希望他能再接再厲，將比賽技巧與實務製作出一本相關的書籍，傳承下來。

有自己獨特風格的藝術工作者，是不會被人遺忘的！

全球餐飲發展有限公司執行長 **岳家青**

CONTENTS

1 精緻西點・創意蛋糕

2 麵包・造型饅頭

3 餅乾・流行風味塔

4 創新烘焙節慶伴手禮

烘焙常用機具

01 旋風烤箱

02 天然酵母菌發酵機

03 攪拌機

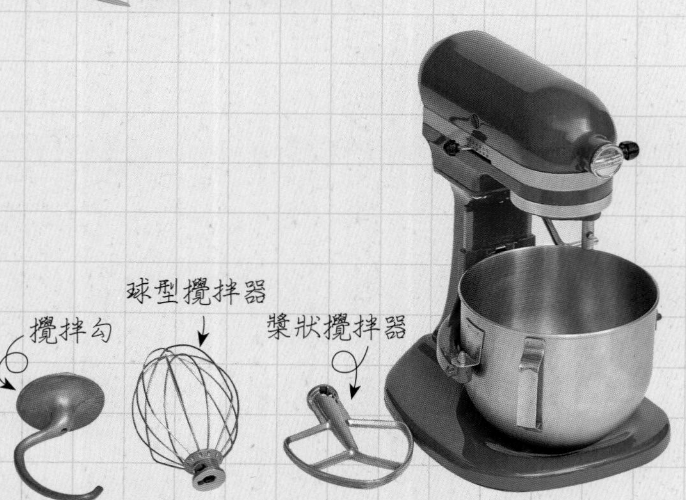

04 均質機

05 發酵箱

06 烤箱

07 壓麵機

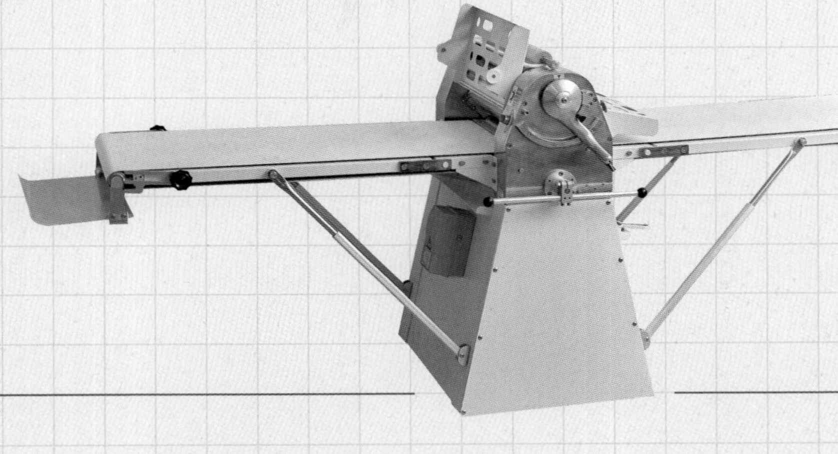

08 急速冷凍

急速冷凍

09 冷凍

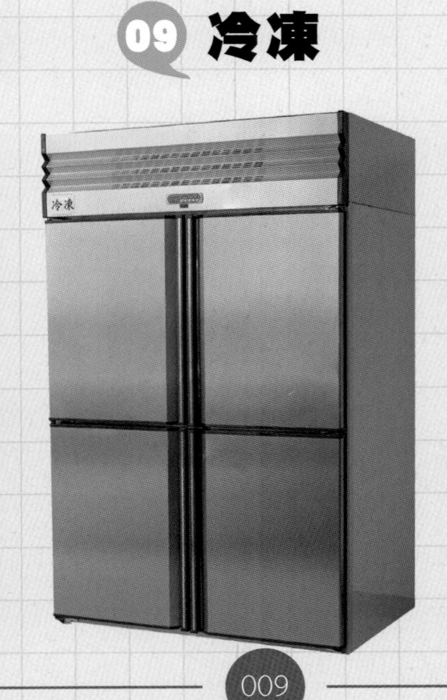

10 冷藏

烘焙常用工具

01 常用器具

篩網　大鋼盆　馬口碗　打蛋器　桿麵棍

拌匙　橡皮刮刀　軟 / 硬刮板　包餡尺　刷子

02 量測工具

量杯　電子麵糰溫度計　電子秤　60 公分 &30 公分量尺

03 刀具

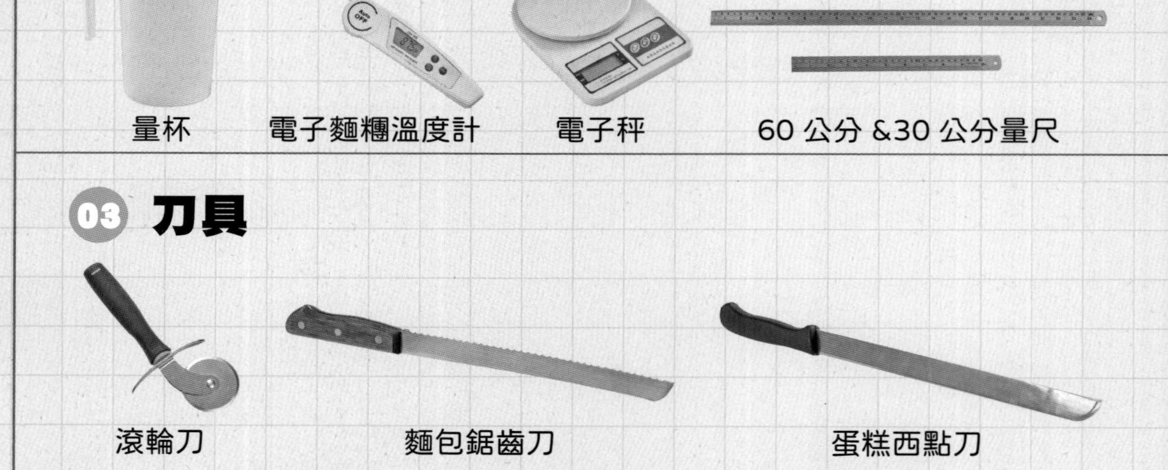

滾輪刀　麵包鋸齒刀　蛋糕西點刀

刀子　刨絲器　切麵刀　巧克力鏟刀　剪刀

04 模具

圓切模

慕斯框

鳳梨酥模

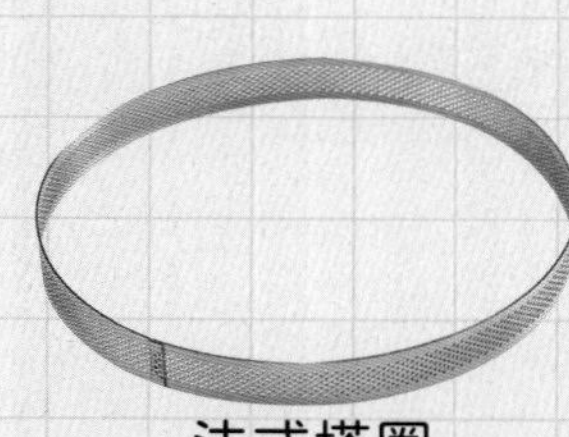

法式塔圈

吐司盒

可麗露模

塔模

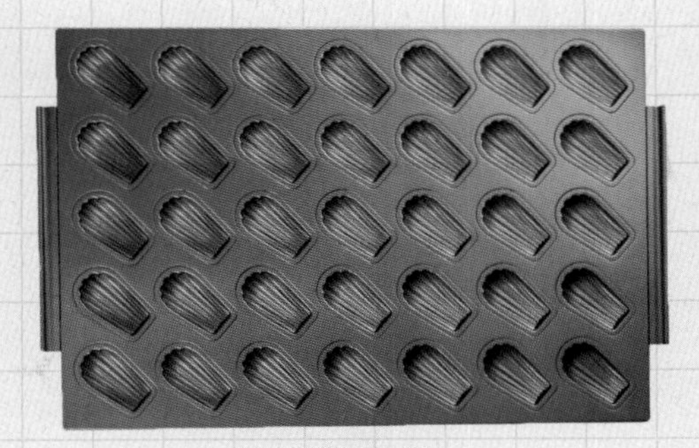
瑪德蓮模

8 吋圓形蛋糕模

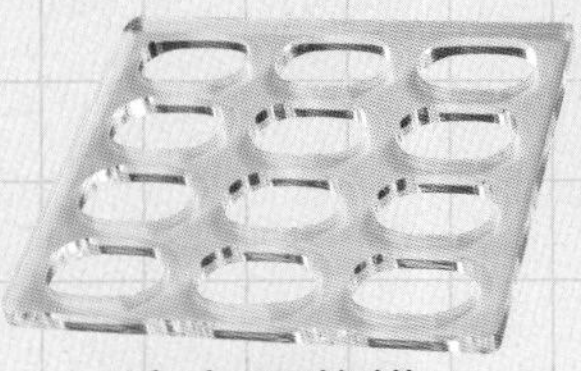
達克瓦茲模

05 烤箱使用工具

透氣烤焙墊

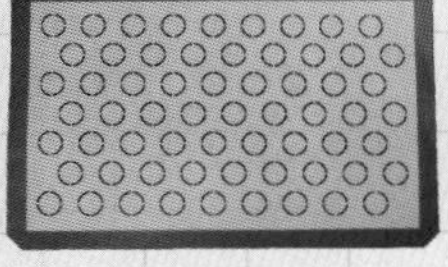
矽膠烤焙墊

烤盤

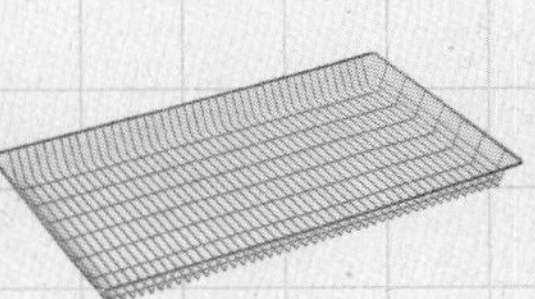
放置網

隔熱手套

06 容器

布蕾杯

馬芬杯

布丁杯、慕斯杯

焗烤盅

麵包盤

07 裝飾工具

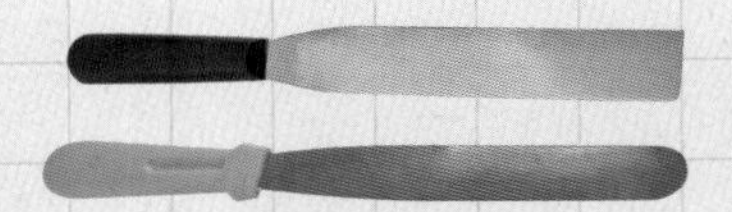
抹刀

L 型抹刀

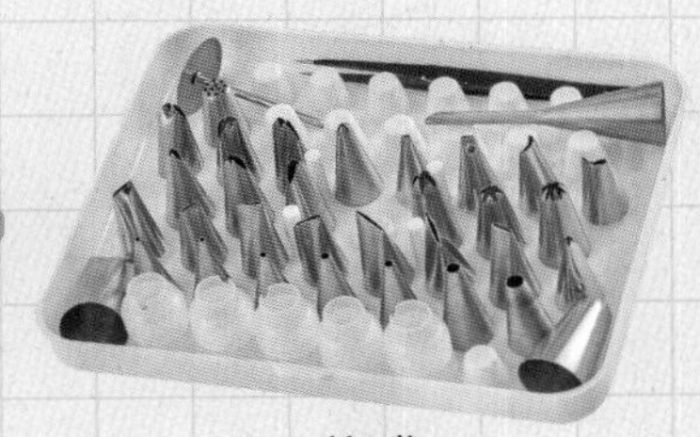
花嘴

烤焙備用擠花袋

旋轉盤

三角刮刀

巧克力木輪刷

叉子

烘焙常用材料

01 麵粉、雞蛋

高筋麵粉

低筋麵粉

麵包粉

蛋黃

蛋白

02 奶類

動物性鮮奶油

牛奶

優格

奶油乳酪

奶油

03 介性材料

鏡面果膠

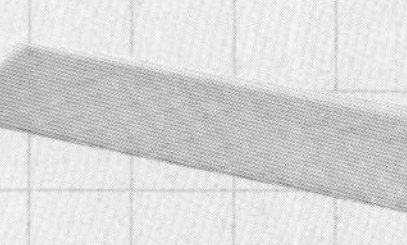
吉利丁片

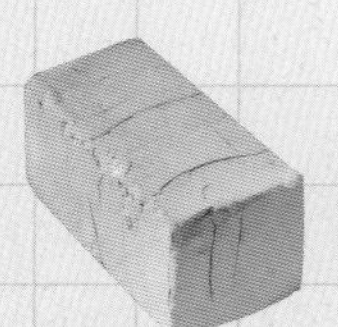
新鮮酵母

乾酵母粉

塔塔粉

04 油品、調味料

沙拉油

白酥油

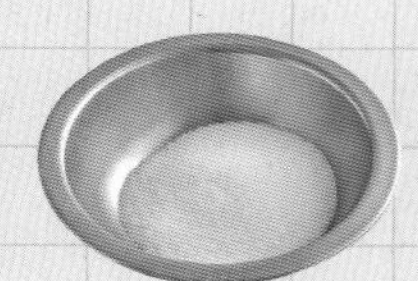
白砂糖

糖粉

鹽

飛機餅乾

香草醬

香草豆莢

麥芽糖

05 酒類、巧克力

白蘭地

蘭姆酒

巧克力豆

巧克力醬

06 堅果、果乾、果泥

杏仁片

杏仁粉

1/8 脆粒核桃

葡萄乾

白桃果泥

草莓果泥

黑醋栗果泥

紅豆沙

栗子泥

07 風味材料 & 風味粉

黑胡椒粉

黑胡椒粒

白芝麻

黑芝麻

紅麴粉

草莓粉

抹茶粉

可可粉

起司粉

08 新鮮水果

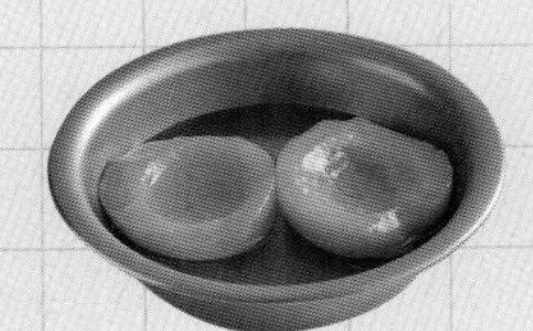
桃子

桔子皮

蜜柑

草莓

檸檬

柳丁

1

精緻西點・創意蛋糕

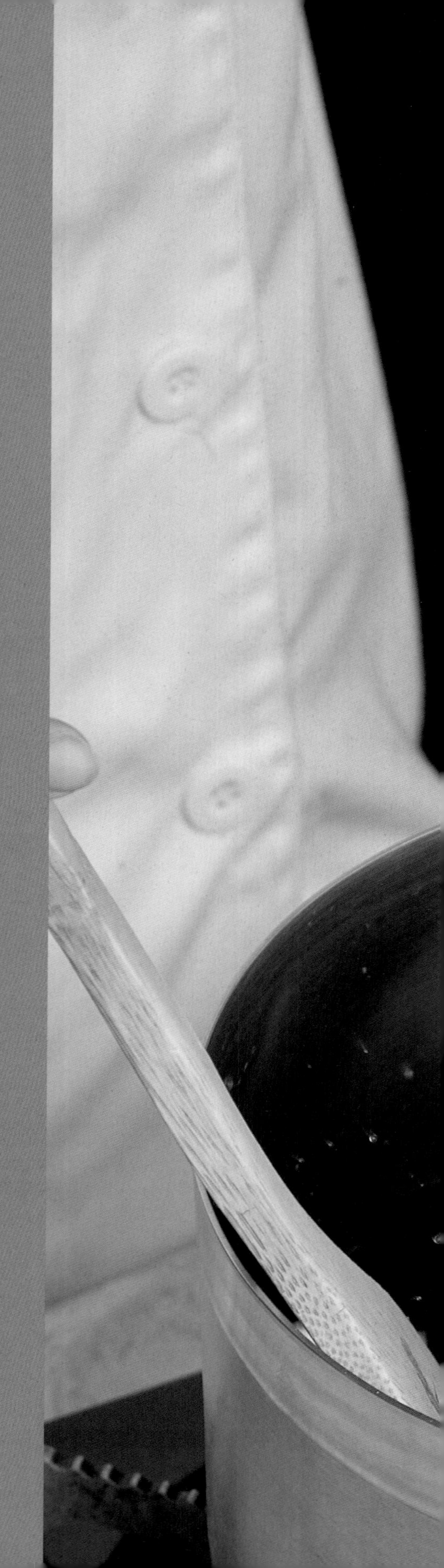

NO.01

法式蘋果酥條

— French Apple Crisp Bars —

器具 Appliance

- 牙籤
- 5 斤塑膠袋
- 毛刷
- 西餐刀
- 烤盤
- 擀麵棍
- 磅秤

材料 Material

麵皮	公克 (g)
· 高筋麵粉	260
· 低筋麵粉	240
· 橄欖油	80
· 全蛋	1 個
· 鹽	6
· 糖	20
· 冰水	220
· 蛋黃	1 個

內餡	公克 (g)
· 紅蘋果（切條狀）	3 顆
· 杏仁粉	50
· 肉桂粉	6
· 葡萄乾	120
· 烤過核桃	100
· 烤過麵包粉	30
· 無鹽奶油（融化）	180
· 蘭姆酒（浸泡葡萄乾用）	200cc
· 砂糖	100

這是一道世界極著名的蘋果捲麵皮甜點，相當適合用來作為盤式套餐的壓軸甜點，熱熱吃別有一番風味，冰冷後品嚐也是香甜不膩。

以拉麵皮展開方式，加入蘋果極融化奶油及肉桂粉，香氣迷人，烤熟後麵皮硬脆，趁熱食用與香草冰淇淋搭配，風味極佳！

作法 METHOD

成品數量：2 條

麵皮製作

01 將麵皮所有材料用槳狀攪具攪拌，完成如圖

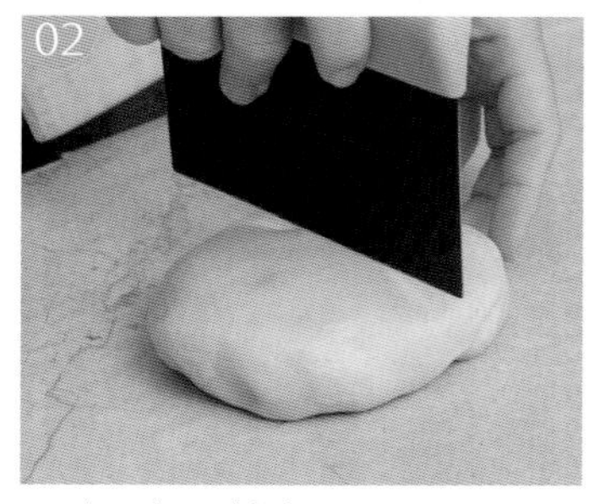

02 分切成兩等份

03 用保鮮膜包覆，放冰箱冷藏一天

麵皮塑型

04 取一塑膠袋切開，塑膠袋表面抹少許沙拉油

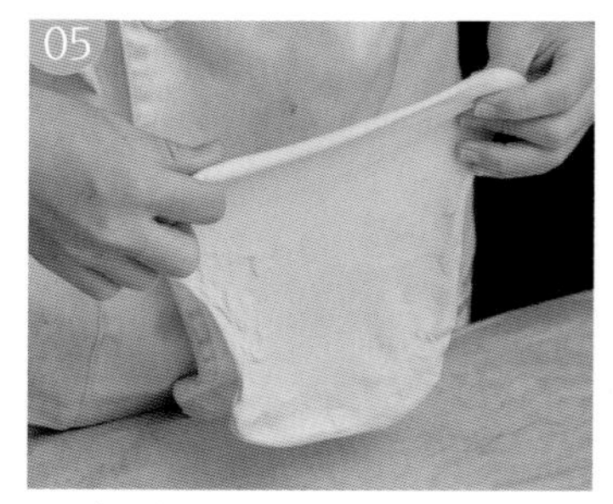

05 取麵皮將麵皮拉開

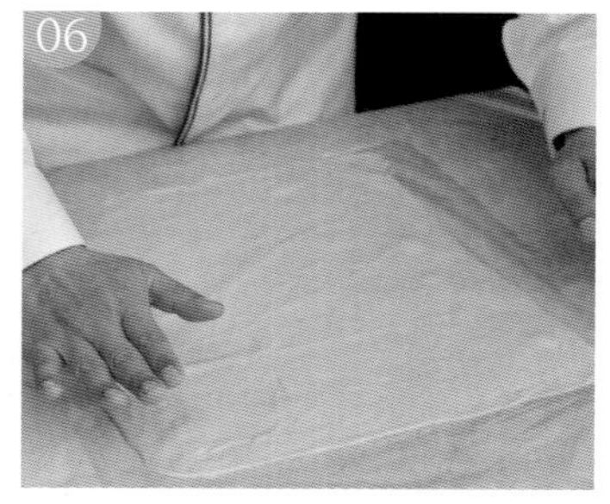

06 持續拉開到約塑膠袋版面大小

組合

07 表面上擦拭融化奶油

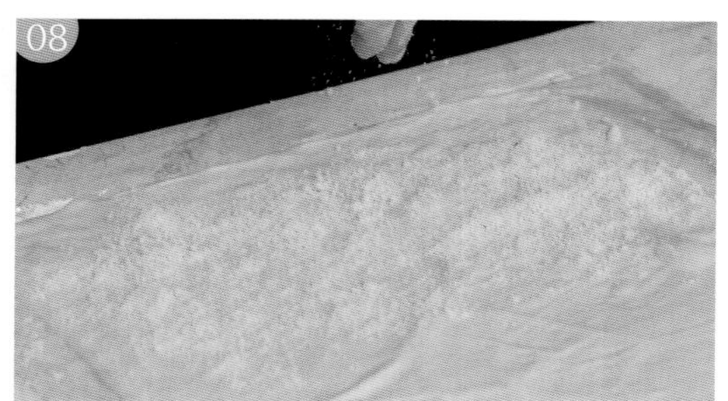

08 依序撒上杏仁粉、麵包粉

09 條狀蘋果與烤過的核桃

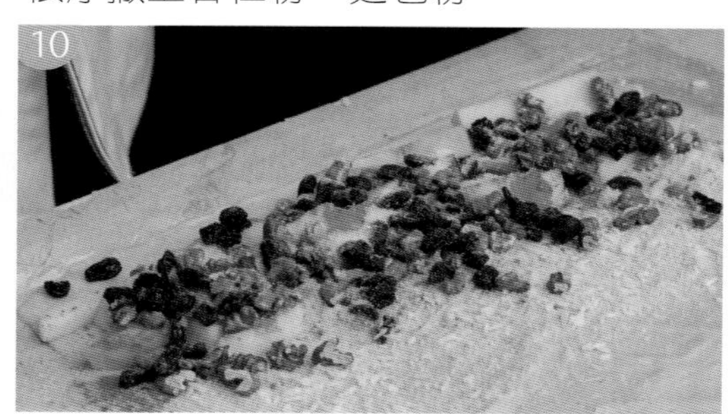

10 葡萄乾、肉桂粉，砂糖與已融化奶油

捲麵皮

提起保鮮膜往前捲

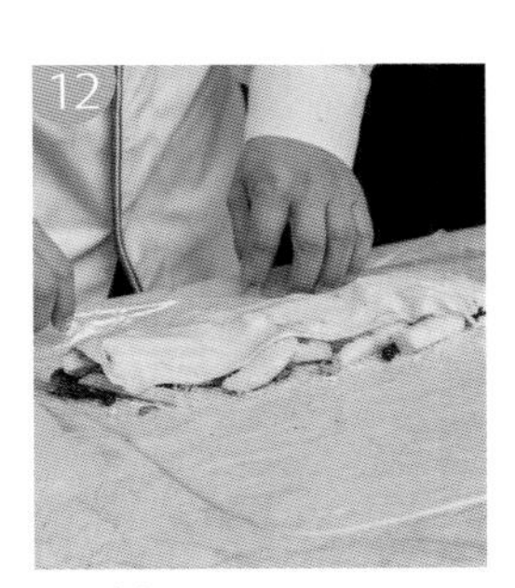
捲製

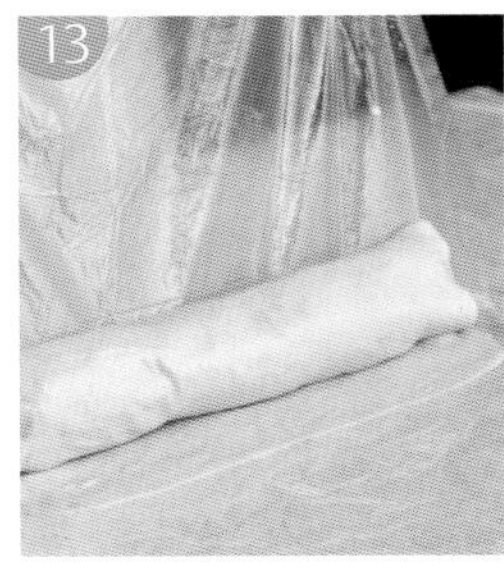
提起保鮮膜往前捲

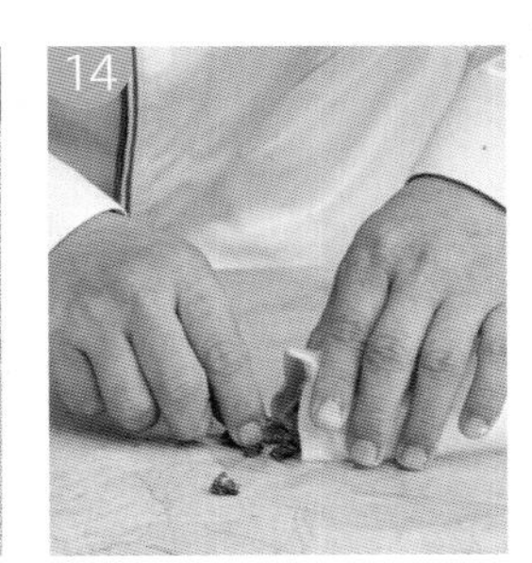
捲起後收口

預備烘烤

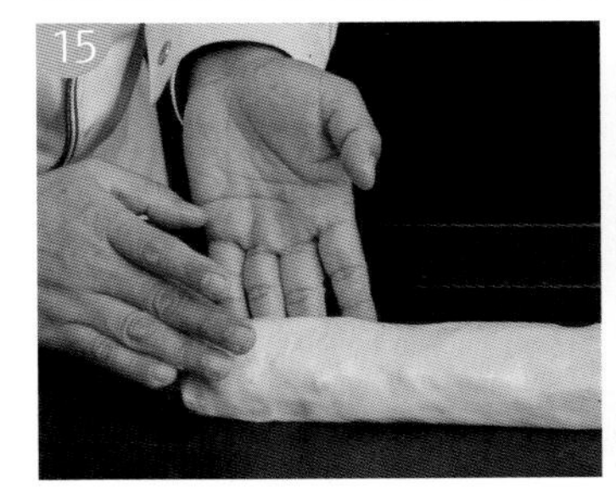
放上烤盤

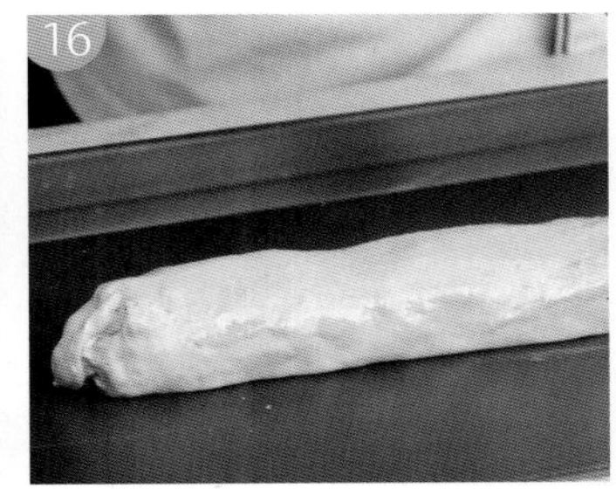
表皮抹油

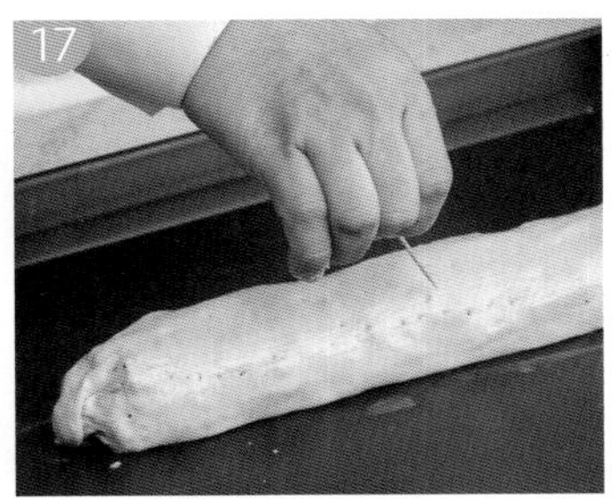
在表皮用牙籤戳孔，以利烤時散熱，不變形

烘烤

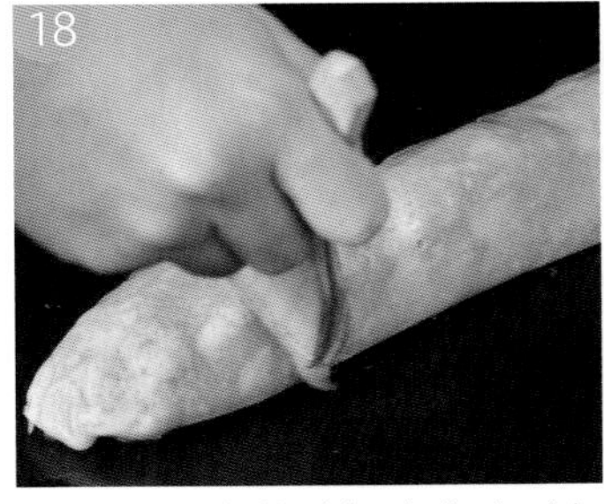
烤前表皮擦拭融化奶油一次

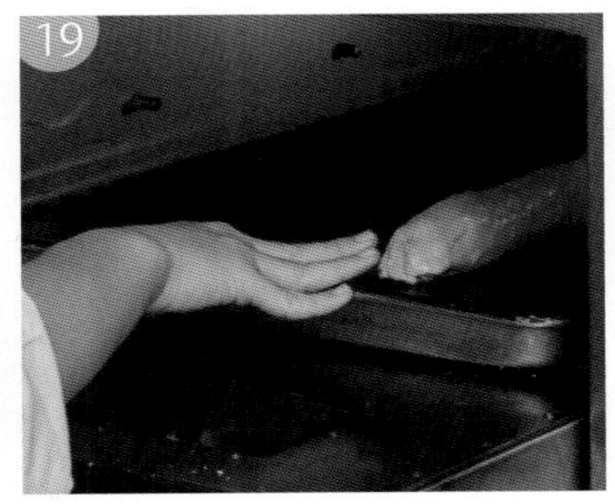
烤溫上火200°C/下火200°C，時間35分

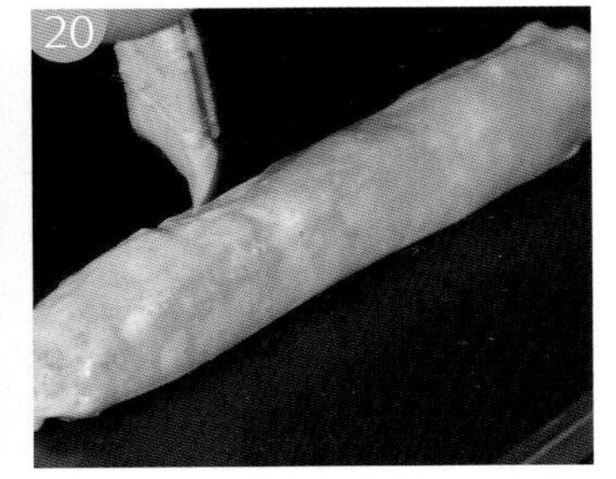
每烤十分鐘取出塗一次奶油，最後出爐時再塗最後一次

出爐

出爐後分切等份

撒上防潮糖粉，趁熱放瓷盤上出餐

NO.02

French red wine stewed pears

法式紅酒燉小洋梨

這道風行歐洲已久的餐後甜點，趁天氣寒冷時享用，慢火熱熱品嚐風味最佳！紅酒加天然辛香料，獨特風氣迷人，西洋梨口感脆嫩，爽口又不甜膩，冰存冷藏後吃同樣是冰涼清爽。

器具 Appliance

· 煮鍋具
· 玻璃杯具
· 砧板
· 密封盒罐
· 筷子
· 篩網

材料 Material/ 公克 (g)

材料	公克 (g)
· 小洋梨罐頭（新鮮西洋梨）	3 罐或 13 顆
· 葡萄紅酒（中上等級）	600
· 砂糖	130
· 蜂蜜	100
· 香草棒	半條
· 肉桂條	半支
· 檸檬切片	半個
· 香吉士切片	半個
· 水	300
· 麥芽糖	55
· 丁香	少許

作法 METHOD

成品數量：2 杯

洋梨煮製

將小洋梨罐打開，瀝乾裡面糖水，保留整顆果肉

葡萄紅酒挑選中上等級加入

砂糖、蜂蜜、肉桂條、香草棒、麥芽糖、丁香粒、檸檬切片、香吉士切片、水，依序加入

再加入整顆或切半的小洋梨，也可切成四等份加入

一起煮滾後，將其葡萄酒精蒸發

用筷子戳小洋梨能微插入即可

TIPS 重點小技巧

小洋梨內部不可煮太熟爛，避免口感無法保持果肉鮮甜脆

組合

待完全冷卻，封上保鮮膜或倒入密封罐。冷藏 6 小時以上或隔天，風味最佳

食用前先將果肉擺入杯中

倒入湯汁

完成後湯水跟果肉皆可食用

NO.03

酥皮泡芙

Pastry puffs

器具 Appliance

- 煮鍋
- 木杓
- 磅秤
- 打蛋器
- 擠花袋
- 擠泡芙花嘴
- 烘焙烤盤布
- 橡皮刮刀

材料 Material

泡芙麵皮	公克 (g)
沙拉油	200
水	200
高筋麵粉	100
低筋麵粉	100
蛋	6 個
鹽	3

酥皮	公克 (g)
低筋麵粉	270
無鹽奶油	168
細砂糖	117

內餡	公克 (g)
蛋黃	90
砂糖	86
鮮奶	360
低筋麵粉	20
玉米粉	24
奶油	20
香草豆莢	1/4 條
打發鮮奶油	400
蘭姆酒	35

外型小巧可愛的泡芙，除了一般烘焙連鎖店蛋糕櫃內，也廣泛銷售於夜市、市場及五星級飯店的自助餐檯上，上層再覆蓋一層奶油酥皮，增加酥鬆香脆的口感，搭配奶油布丁餡，冰存冷藏香甜不膩，也是款大眾化的西式點心喔！

作法 METHOD

成品數量：２０個

酥皮製作

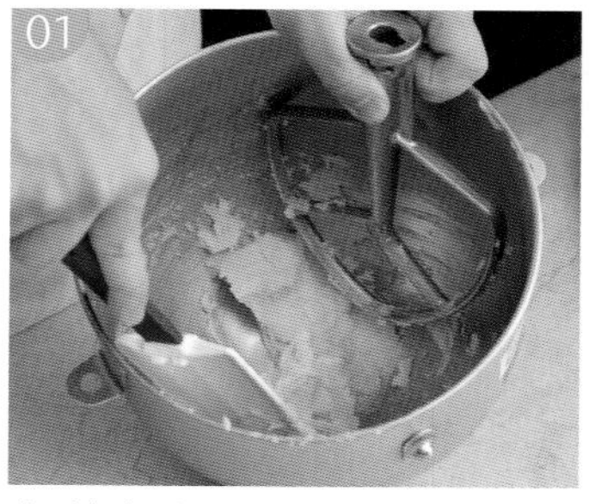

奶油加細砂糖用槳狀攪具打發到乳白色

打發到乳白色後加入麵粉攪拌均勻

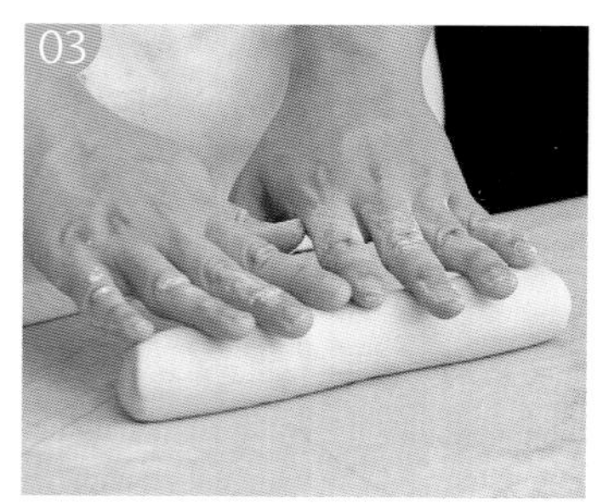

攪拌均勻後壓延成需要的長方形，放入冰箱冷凍

麵皮製作

沙拉油加鹽與水煮滾

加入麵粉煮到熟化

直到鍋底有層麵皮沾底，取出置於另外的攪拌缸

雞蛋分次加入攪拌完成

完成如圖

裝填與擠花

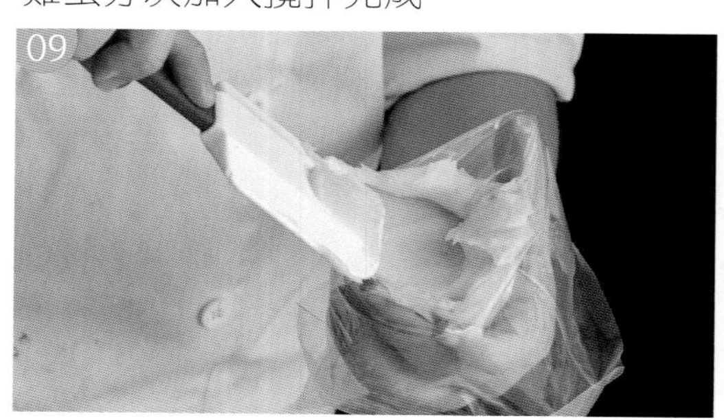

填裝入有花嘴的擠花袋

在烤盤上依序擠出圓山峰狀

烘烤

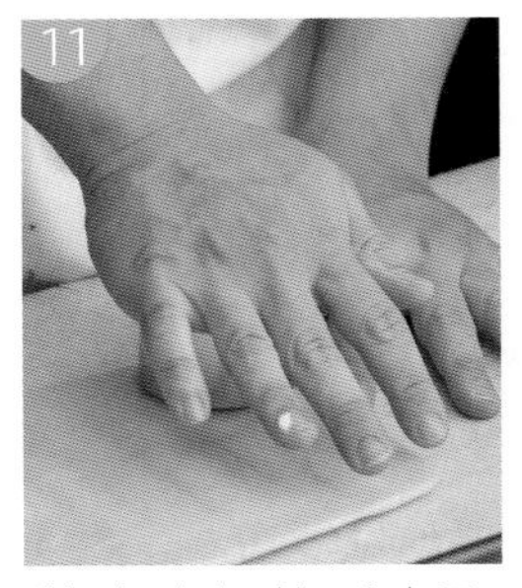

將冷凍好的酥皮取出，切片 0.2 公分

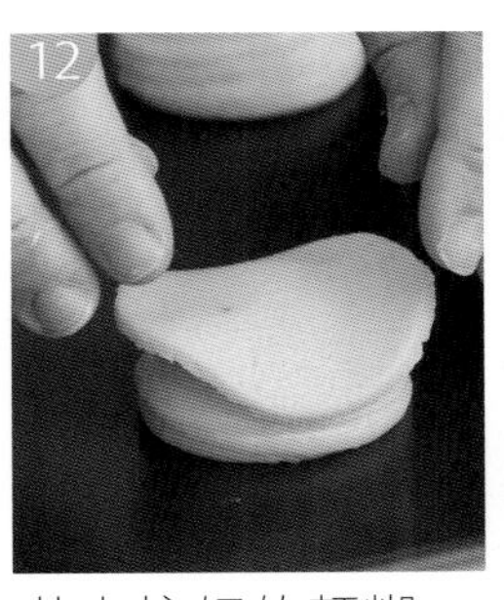

蓋上擠好的麵糊

上火 190° C/ 下火 190° C 烤 32 分

TIPS 重點小技巧

切片直徑須超過將要擠的麵糊直徑，以利覆蓋表面

內餡製作

先將蛋黃、砂糖與麵粉攪拌均勻

牛奶與鮮奶油一同煮滾

煮滾後冲入攪拌缸中攪拌均勻

回鍋隔水加熱，煮到凝固狀態再拌入奶油

完成至如圖狀即完成

組合

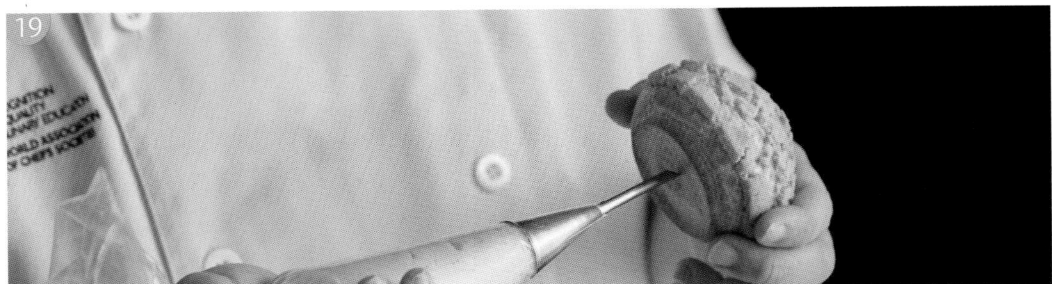

將內餡放入擠花袋後，取一烤好的泡芙將內餡從底部填入

NO.04

Summer Peach Panna cotta

夏日水蜜桃奶酪

奶酪加上新鮮水蜜桃果泥煮好後，裝入杯子內冰存，出餐前再以水蜜桃切片擺飾成花朵型態，再淋上果泥淋面，是款適合在夏日放在蛋糕櫃內銷售，也可在餐後做附餐的甜點喔！

器具 Appliance

- 奶酪杯具
- 橡皮刮刀
- 鋼盆
- 煮鍋
- 量杯

材料 Material/ 公克 (g)

材料	公克	材料	公克
牛奶	700	冷凍水蜜桃切片	少許
動物性鮮奶油	300	水蜜桃果泥	200
吉利丁片	50	水	100
冰水（泡吉利丁片用）	300	薄荷葉	少許
砂糖	124	砂糖	40
水蜜桃果泥	350	吉利丁片	2 片

作法 METHOD

成品數量：15杯

奶酪製作

先將吉利丁片拆片放入冰水泡軟

牛奶加入動物鮮奶油及砂糖與水蜜桃果泥煮滾

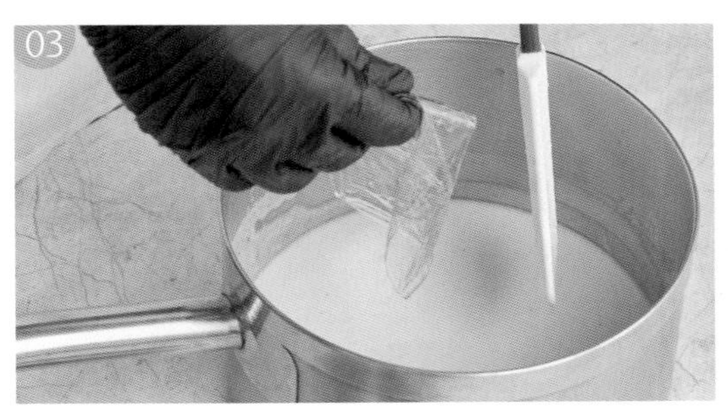

丟入軟化的吉利丁片煮勻

將煮好芒果奶酪倒入杯具後待涼，放入冷藏冰一小時

果泥

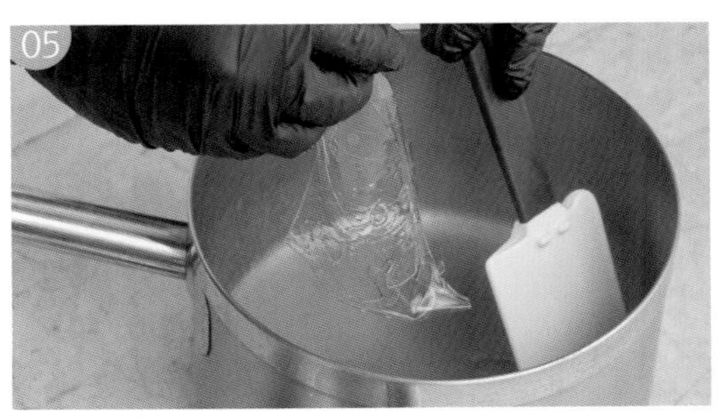

水蜜桃果泥加水、糖煮滾。加入吉利丁片

冷卻後倒入杯內

組合與裝飾

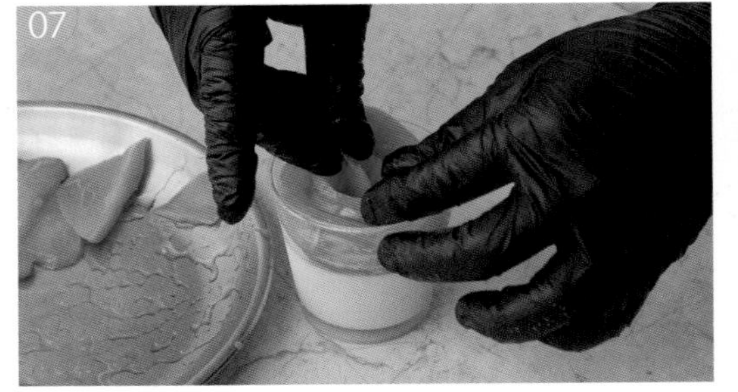

切好水蜜桃果丁片，放置奶酪杯上

放上薄荷葉裝飾

NO.05

Fresh Strawberry Mousse

新鮮草莓優格慕斯

鮮紅香甜的草莓加上優格風味香氣超迷人！是在慕斯甜點季，餐桌上最迷人的點心，在完成前表面再擦拭鏡面果膠，可以讓草莓慕斯更亮麗喔！

器具 Appliance

- 煮鍋
- 打蛋器
- 木杓
- 篩網
- 桌上型攪拌機

材料 Material

幕斯體	公克 (g)
草莓果泥	380
砂糖	90
原味優格	250
吉利丁片	7 片
動物性鮮奶油	500

淋面	公克 (g)
草莓果泥	360
砂糖	45
吉利丁片	4 片
水	120

表面裝飾	公克 (g)
鏡面果膠	100
水	85
新鮮草莓	數顆

作法 METHOD

成品數量：8 杯

慕斯作法

吉利丁片泡冰水，軟化待用

草莓果泥加砂糖煮滾

加入吉利丁煮溶解備用

打發動物性鮮奶油

與果泥攪拌均勻

果泥再與原味優格攪拌均勻

倒入慕斯杯冷凍冰存

淋面作法

砂糖加水煮滾再倒入果泥煮沸

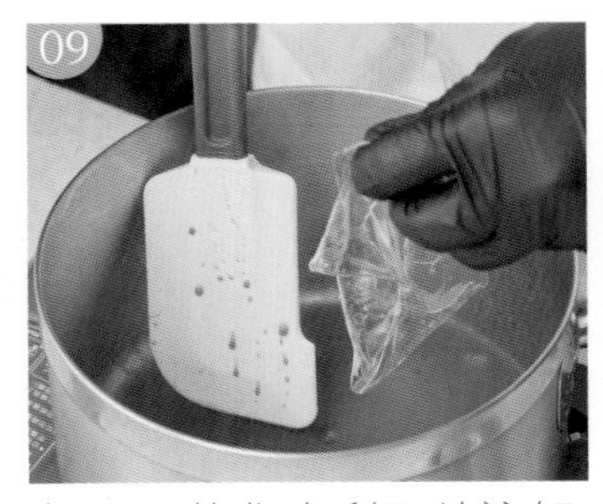

加入已軟化吉利丁片溶解

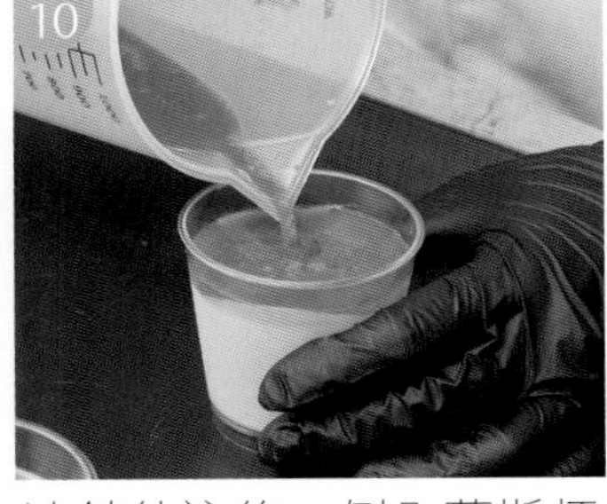

冰鎮待涼後，倒入慕斯杯冷凍冰存

裝飾

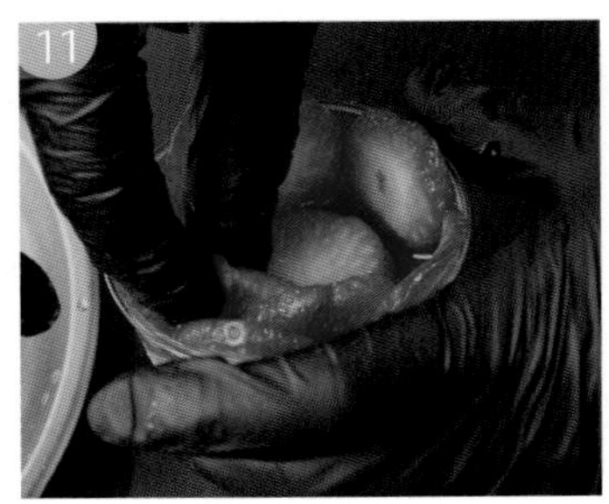

取出冷凍的慕斯杯，放上新鮮草莓裝飾

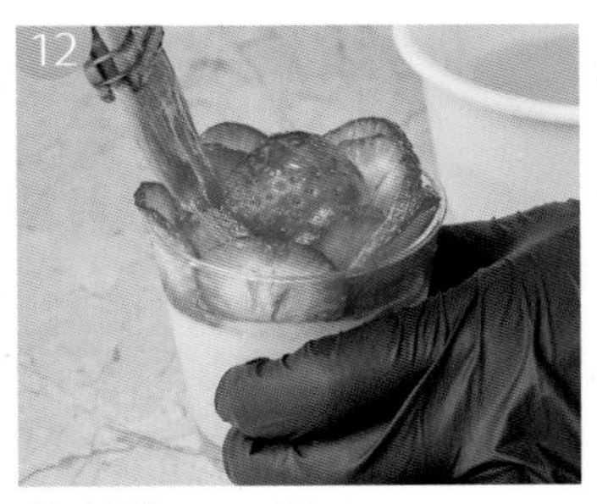

擦拭鏡面果膠水

完成，可存放於蛋糕櫃

NO.06

Original Canelé

香草可麗露

可露麗外型小巧可愛、在表面有凹凸楞狀的圓柱體，像極了一個小鈴鐺，因此在台灣又有天使之鈴的美名。甜點表層是硬脆厚實的褐色焦糖外殼，內部是半融化狀的蛋糕糊，散發著酒香和香草味。製作上會加上蘭姆酒與香草調味，嚐起來相當美味喔！

器具 Appliance

- 可麗露銅模
- 烤盤
- 打蛋器
- 刷子
- 煮鍋

材料 Material/ 公克 (g)

材料	公克	材料	數量
牛奶	920	全蛋	2個
無鹽奶油	38	蛋黃	2個
香草醬	2	蘭姆酒	96
低筋麵粉	230	蜂蠟(6個可麗露模具)	500
糖	360		

作法 METHOD

成品數量：３８個

煮製

牛奶加奶油煮溫

全蛋加蛋黃與砂糖

拌入牛奶

低筋麵粉攪拌均勻

冷藏

全部攪拌均勻後加入蘭姆酒，放入冷藏冰 3 小時

退冰後攪拌

烘烤

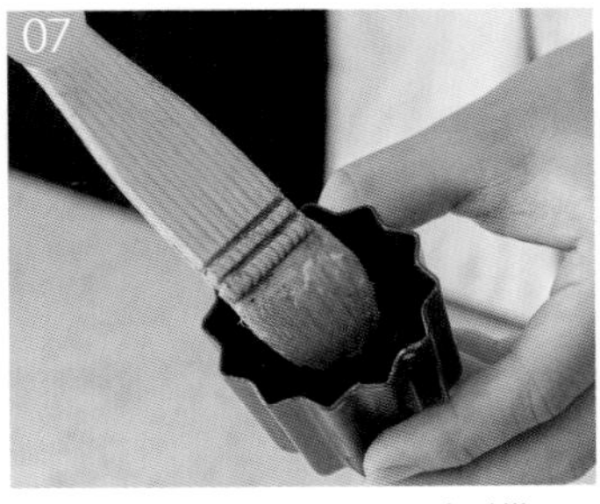

將模具擦上已融化蜜蠟

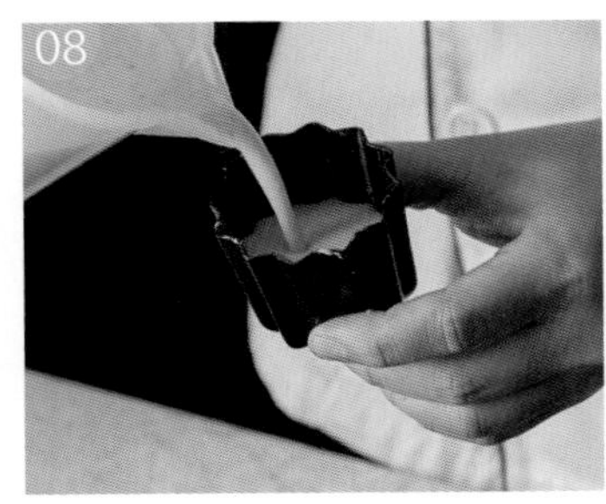

製備好的麵糊倒入烤模約 7 分滿

上火 190° C/ 下火 220° C 烤 28 分

NO.07

Crème Brulee

法式香草烤布蕾

法式烤布蕾最早起源於 17 世紀，其配方是在布丁原先的基礎上，使用天然香草豆莢提味，再運用焦糖化作出改良，所以說烤布蕾是布丁的頂級進化版，是一點都沒錯的喔！

器具 Appliance

· 5 公分邊緣深烤盤
· 布丁杯具
· 烤布蕾杯子
· 單柄煮鍋
· 細篩網
· 打蛋器
· 磅秤
· 噴槍
· 量杯
· 湯匙

材料 Material

蛋液體	公克 (g)
鮮奶	500
動物鮮奶油	500
細砂糖	160
蛋黃	280
雞蛋	2 個
香草棒	1 條

焦糖	公克 (g)
砂糖	138
水	50
麥芽精	20
水	20

作法 METHOD

成品數量：１５個

裝盤重量：１００g

前置

01 先將烤布蕾器具清洗擦乾淨均放深烤盤上

02 將糖和水一起煮至約 165° C，表面顏色為深黃棕色

03 再加最後 20g 水降溫即完成焦糖

04 使用湯匙將焦糖逐一倒入烤布蕾器具內待涼後凝固

製作蛋液

05 將鮮奶及鮮奶油、砂糖一起加入鍋內

06 煮至約 60° C 砂糖溶解並放入香草豆莢

07 雞蛋跟蛋黃加入攪拌均勻

08 攪拌均勻後使用細篩網過濾布蕾蛋液

09 蛋液表面蓋上保鮮膜

10 拉起保鮮膜將上面泡沫瀝除後，取一量杯倒入

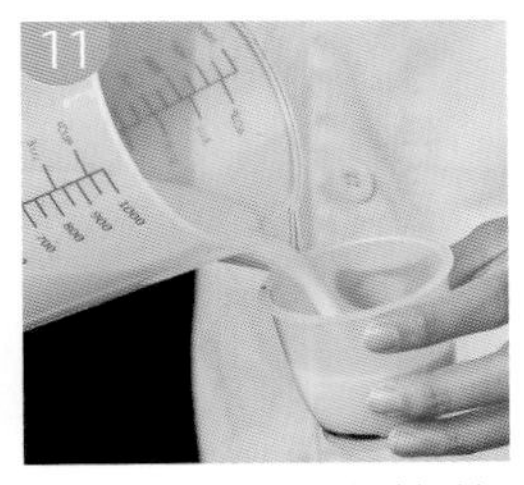

11 倒入已放入焦糖的器具

12 上火 160° C/ 下火 150° C 隔水蒸烤約 55 分鐘

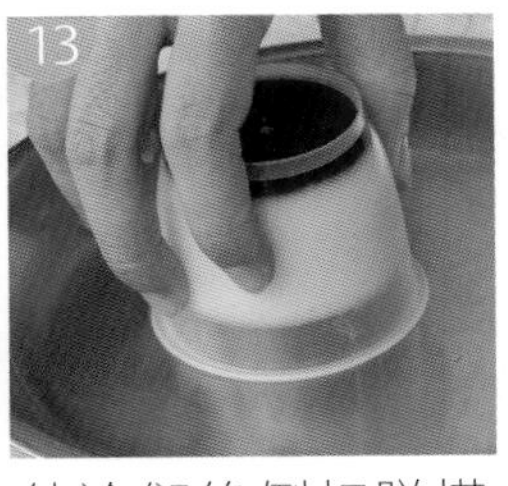

13 待冷卻後倒扣脫模即完成

英式成品

12 倒入模具後灑上糖粉

13 噴槍在表面進行烘烤，烤出焦糖色即完成

NO.08

Peninsula Yogurt Scone

半島優格司康

司康是英式下午茶甜點不可或缺的項目之一，要做得好吃需保存其內部組織有空隙，使外觀膨起側面龜裂，品嚐起來的口感才會酥鬆，製作時建議以壓麵拌合方式，以利保持麵皮層次與風味，出餐前微波加熱能更加提升風味喔！

材料 Material

乾性材料	公克 (g)
· 砂糖	140
· 鹽	1.5
· 高筋麵粉	385
· 低筋麵粉	385
· 泡打粉	17
· 奶粉	5
· 柳橙屑	1/4 個
· 檸檬屑	1/4 個

濕性材料	公克 (g)
· 原味優格	150
· 雞蛋	2 個
· 動物性鮮奶油	50
· 蜂蜜	85
· 無鹽奶油	150

表面擦拭	公克 (g)
· 蛋黃	2 個
· 高筋麵粉（手粉）	200

器具 Appliance

· 切麵刀　· 削皮器
· 切割模具　· 西餐刀
· 烤盤　· 砧板
· 塑膠袋　· 鐵尺

作法 METHOD

成品數量：２２個

裝盤重量：６０g

麵糰製作

將所有乾性材料集中堆積並與奶油一同攪拌均勻

將濕性材料一同混和後再倒入前面拌勻好的乾性材料中

用手將所有材料分次折麵成糰，壓延至所要的厚度

成形

避免表皮乾裂，表面覆蓋塑膠袋。靜置鬆弛 40 分

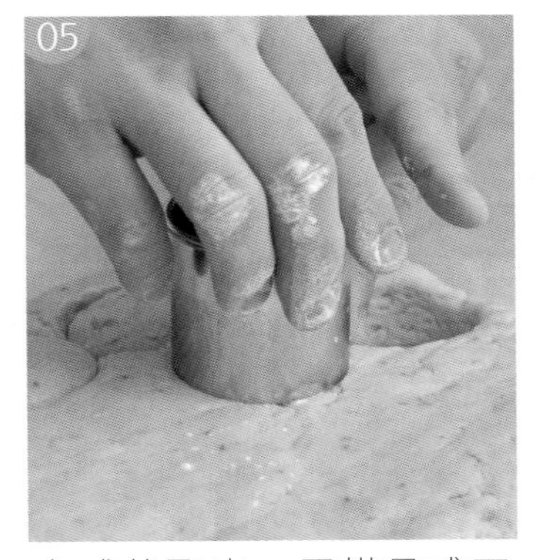

完成後取出，用模具或刀具分切所要形狀

切割完成後可再手壓成型

烘烤

表面擦拭蛋黃液，晾乾十分鐘後烤焙

烘烤上火 200° C/ 下火 190° C 時間 24 分

NO.09

香橙優格大理石乳酪蛋糕

Orange yogurt marble cheesecake

器具 Appliance

- 9 吋圓形烤模
- 粉篩網
- 橡皮刮刀
- 擠花袋
- 鋁箔紙
- 西餐刀
- 砧板
- 刷子

材料 Material/ 公克 (g)

主麵糊

材料	公克	材料	公克
奶油乳酪	1200	香橙酒	85
砂糖	200	鹽	1
原味優格	200	玉米粉	65
全蛋	300	橘子瓣	24 個
動物鮮奶油	210		

模具使用		蛋糕底部	
高筋麵粉	300	奇福餅乾屑	430
白油	150	無鹽奶油	200

表面裝飾麵糊

材料	公克	材料	公克
麵糊	150	巧克力淋醬	1/4 罐
可可粉	6		

不論是在附餐或蛋糕櫃中，這道甜點無論放在何處，總是很很受歡迎，香濃優格芬芳風味，搭配綿密的乳酪口感，是道極受大眾歡迎的蛋糕喔！

作法 METHOD

成品數量：3 個

預備

01 烤模需先擦白油

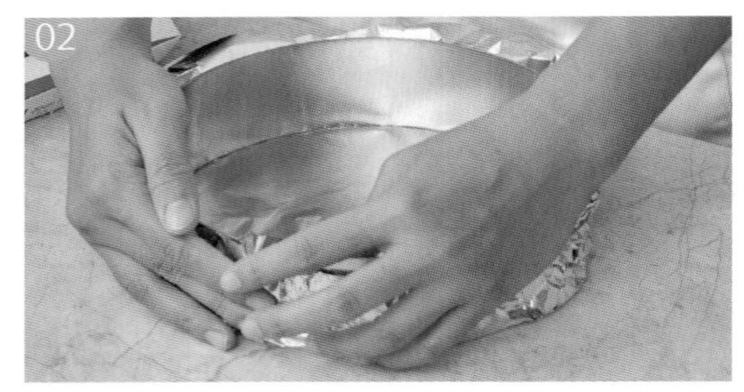

02 將烤模周圍和底部鋪上鋁箔紙

蛋糕底部

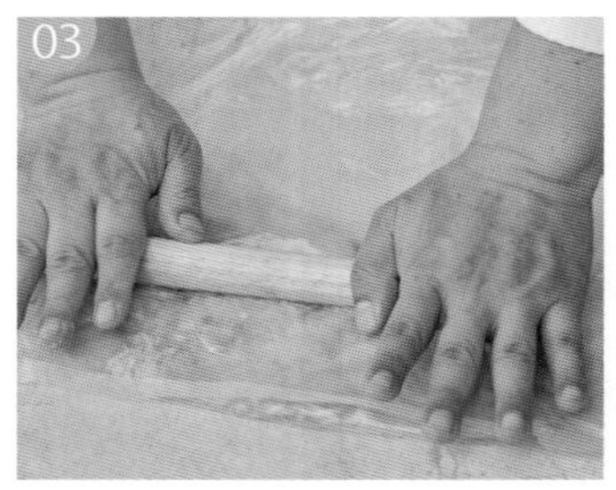

03 奇福餅乾壓碎成屑

04 無鹽奶油融化

05 一起攪拌均勻

06 再倒入鋪好鋁箔紙的蛋糕模具

07 用軟刮板將餅乾屑壓平

08 壓密緊實

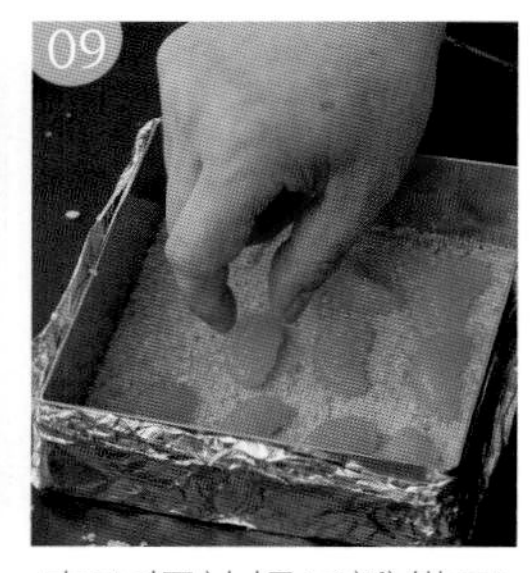

09 表面擺放橘子瓣備用

主麵糊

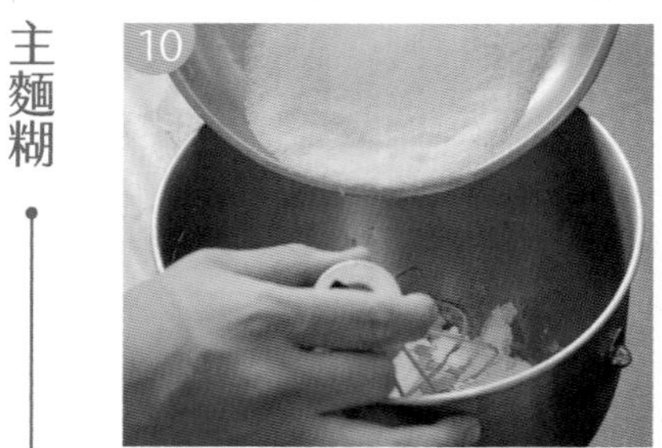

10 奶油乳酪切碎，加入細砂糖後用球狀攪具中速攪拌均勻

11 再將雞蛋分次加入打勻

12 完成預備

裝飾

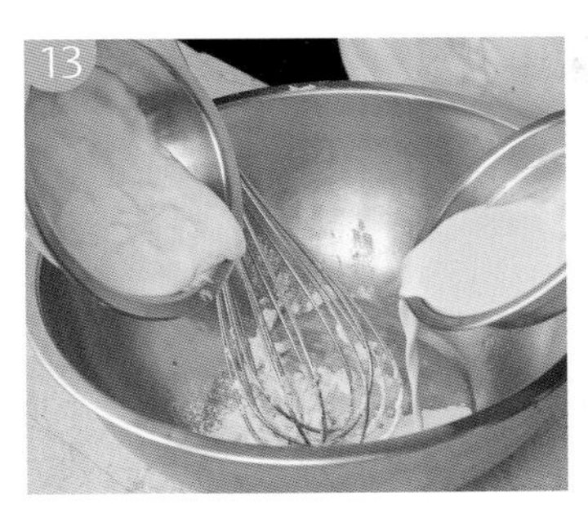

13 取玉米粉倒入優格與動物性鮮奶油

14 攪拌均勻

15 倒入先前預備好的麵糊攪拌均勻

16 將麵糊全部過篩

17 過篩完先取出其中的150g

18 與可可粉、巧克力醬一起拌勻。攪拌均勻後放入擠花袋

組合烘烤

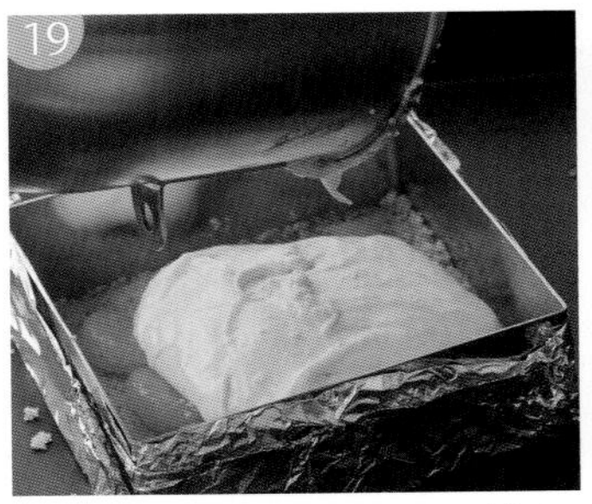

19 先將白色麵糊主體倒入模具

20 抹平

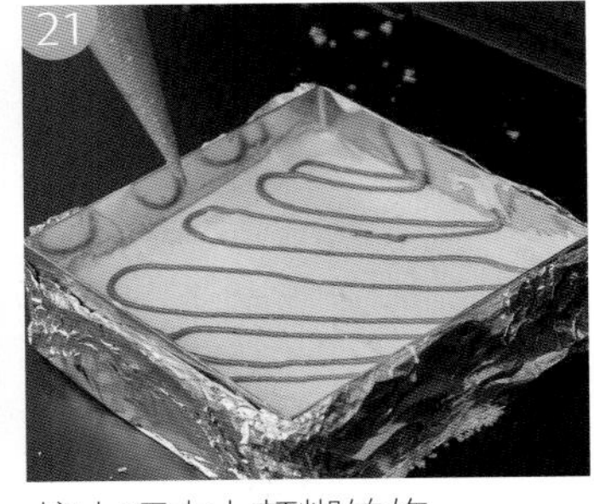

21 擠上巧克力麵糊線條

22 用牙籤畫出線條

23 上火 150° C/ 下火 150° C 放入烤盤，隔水蒸烤 60 分鐘

NO.10

台式蔥花鹹味蛋糕卷

– Savory cake roll with chopped green onion and meat floss –

·PART· 1

器具 Appliance

- 烤盤
- 烘焙紙
- 軟刮板
- 擀麵棍
- 馬口碗
- 鋼盆
- 煮鍋
- 西餐刀

材料 Material

主麵糊	公克 (g)
· 全蛋	660
· 細砂糖	200
· 低筋麵粉	260
· 橘子汁	150
· 沙拉油	120
· 鹽	3
· 泡打粉	3
· 青蔥	5 根（切蔥花丁）
· 粗黑胡椒	3
· 海苔芝麻肉鬆	150

內層夾心	公克 (g)
· 沙拉醬	200
· 海苔片	10 片

台式蔥花鹹味蛋糕卷，表面灑滿海苔肉鬆及芝麻，內部捲上海苔片及沙拉醬的一款蛋糕，口感甜中帶鹹，爽口不膩，很適合在午餐或出外郊遊時享用喔！

作法 METHOD

成品數量：1 條

備料

沙拉油加橘子汁煮熱備用

青蔥切丁沾粗黑胡椒備用

麵糊製作

蛋加細砂糖及鹽

打發至乾性發泡

打發後麵糊先取出三分之一，加入先前煮熱的沙拉油，攪拌均勻備用

倒入烤盤

攪拌缸裡的麵糊加麵粉及泡打粉攪拌均勻

準備低邊緣烤盤，鋪上烘焙紙

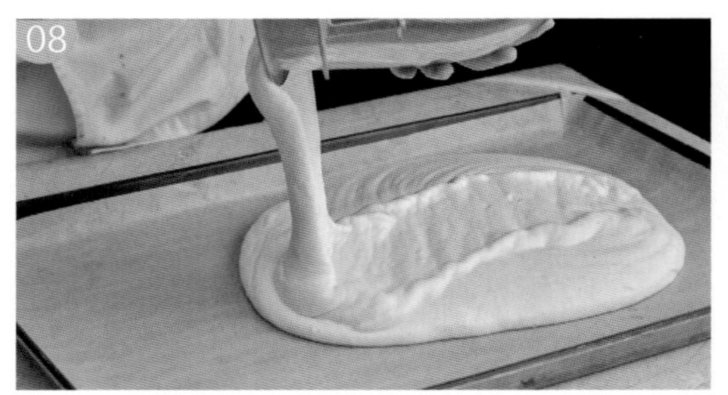

兩邊麵糊攪拌均勻後倒入烤盤

將麵糊抹平

調味與烘烤

表面灑蔥花

灑肉鬆、海苔與芝麻

上火 200° C/ 下火 150° C
烤約 20 分鐘

烤好後的主體取出，翻到背面

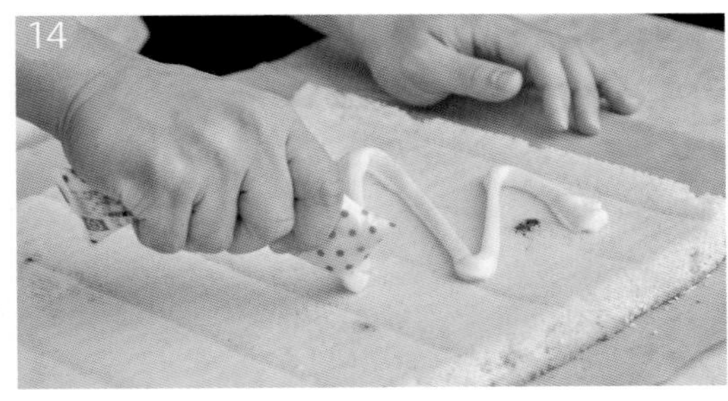

擠上沙拉

沙拉抹平後鋪上海苔

在海苔上抹上沙拉

捲製與切片

沙拉抹平後整齊鋪上肉鬆

在肉鬆上再抹上一層沙拉
後捲起

捲起後切片

NO.11

Madre Orange Cake

瑪德蓮香橙蛋糕

瑪德蓮蛋糕（法語：madeleine），又稱貝殼蛋糕，是一種貝殼形狀的小蛋糕，以濃稠且呈膏狀的質地為特點，奶油的味道極厚重，像柳橙口味的磅蛋糕，發源自法國東北部科梅爾西和利韋爾丹兩城鎮，但蛋糕需要放置在貝殼狀的模具中烤焙，完成後表面可沾融化巧克力或翻糖增添風味。

器具 Appliance

· 瑪德蓮貝殼模具
· 擠花袋
· 打蛋器
· 刨屑刀
· 打蛋器
· 橡皮刮刀
· 烤盤專用油

材料 Material/ 公克 (g)

材料	公克
杏仁粉	150
糖	300
蜂蜜	250
低筋麵粉	100
蛋白	270
奶油	250
蘭姆酒（泡葡萄乾用）	80
葡萄乾	120
香吉士柳橙皮屑	半顆
泡打粉	15

作法 METHOD

成品數量：２５個

預備

01

將奶油融化，放室溫待涼

02

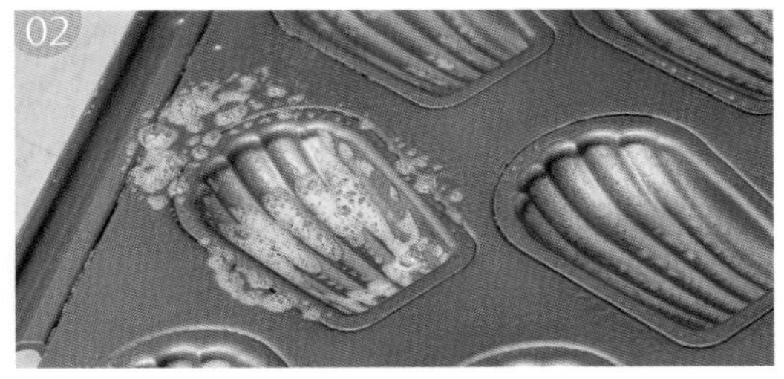

模型噴烤盤專用油以便烤後不沾黏模具，方便成品脫模

麵糊製作

03

蛋白與砂糖一起攪拌，攪拌至砂糖充分融入蛋液

04

分別加入蜂蜜及蘭姆酒攪拌均勻

05

低筋麵粉過篩後再加入攪拌均勻

06

加入泡打粉

07

放涼的融化奶油倒入麵糊攪拌均勻

08

倒入杏仁粉和葡萄乾

09

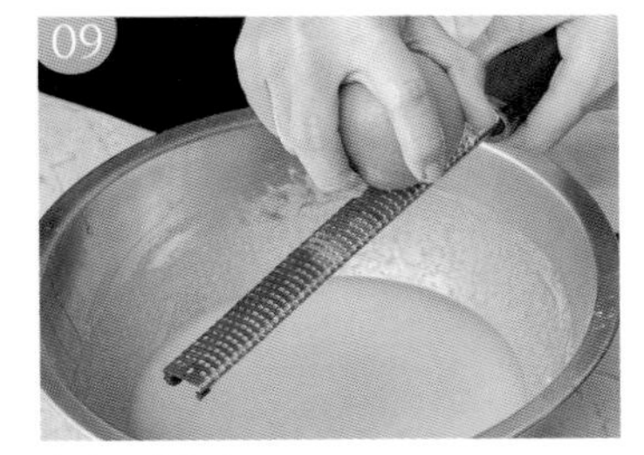

刨入橙皮

冷藏與烘烤

10

麵糊放入冷藏冰箱冰存一小時以上，在退冰使用前攪拌均勻

11

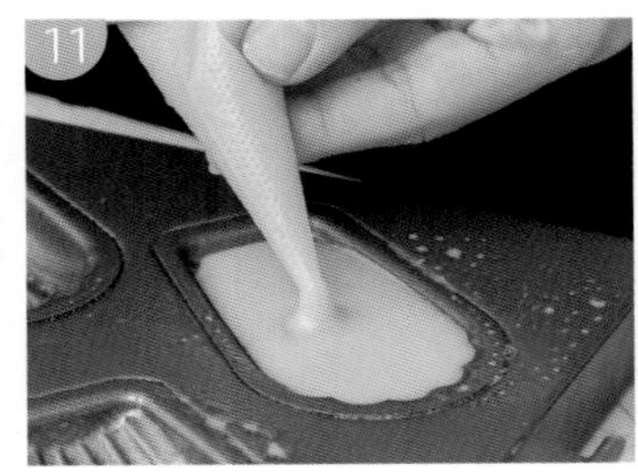

擠入貝殼模具八分滿

12

上火 180° C/ 下火 200° C 烤約 15 分鐘

NO.12

Grandma Lemon Cake

老奶奶檸檬蛋糕

起源法國蒙頓地區，每年二到三月檸檬豐收季時，當地盛產的一款特色蛋糕，適合做為下午茶甜點，淡淡天然檸檬風味加上表面糖霜的微甜口感，吸引不少甜點愛好者青睞呢！

器具 Appliance

- 8吋烤模
- 削皮器
- 西餐刀
- 橡皮刮板
- 煮鍋
- 毛刷
- 鋼盆
- 烤盤

材料 Material

蛋糕體	公克(g)
全蛋	300
砂糖	165
檸檬皮	2個
檸檬汁	2個
溶化熱無鹽奶油	135
中筋麵粉	230
動物鮮奶油	80
鹽	1

表面裝飾	公克(g)
檸檬利口酒或澄酒	120
蛋白	15
糖粉	200
檸檬汁	25
檸檬皮屑	3

作法 METHOD

成品數量：1 個

麵糊製作

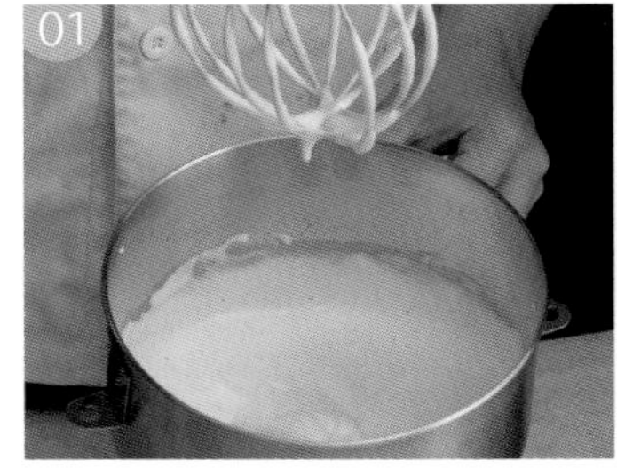

將全蛋加砂糖打發，打發至乾性發泡備用

檸檬汁、檸檬屑、無鹽奶油、動物性鮮奶油和中筋麵粉一同混勻煮滾

取先前打發的乾性發泡麵糊 1/3，倒入混勻的奶油中

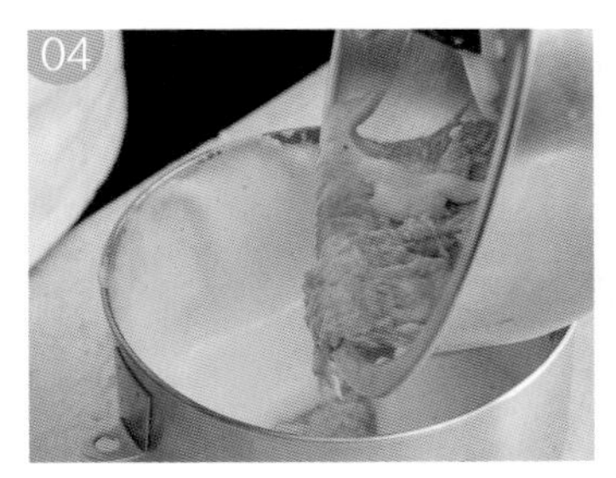

再倒入原有 2/3 麵糊內一起攪拌均勻，完成備用

準備 8 吋烤模，鋪上已切割好的紙張

麵糊倒入模具後進烤箱烘烤，上火 190° C/ 下火 160° C 烤約 35 分

裝飾

烤好脫模冷卻後，蛋糕表面先擦拭利口酒

蛋白加糖粉及檸檬汁、檸檬皮屑

一起加熱融化，完成備用

將汁液淋上蛋糕表面抹平，完成

NO.13

美式布朗尼巧克力蛋糕

Chocolate Brownie

器具 Appliance

- 鋁箔紙
- 蛋糕模具
- 西餐刀
- 鋼盆
- 橡皮刮刀
- 攪拌機組
- 煮鍋
- 篩網

材料 Material

主麵糰	公克 (g)
蛋	8 個
細砂糖	185
鹽	3
調溫苦甜巧克力	200
無鹽奶油	200
低筋麵粉	185
八分之一核桃粒	100
蘭姆酒	70

外觀裝飾	公克 (g)
防潮糖粉	80
八分之一核桃粒	150
水滴巧克力	120

傳說於 1893 年美國芝加哥帕爾馬希爾頓大飯店點心房主廚，提供給出席世界博覽會女士們享用的糕點，濃郁的巧克力風味，內部綿密的口感是蛋糕最經典的象徵，除此之外蛋糕也有多樣化的口味搭配，如添加核仁、杏桃乾、或奶油起士等，相當多變。

作法 METHOD

成品數量：1 個

前置作業

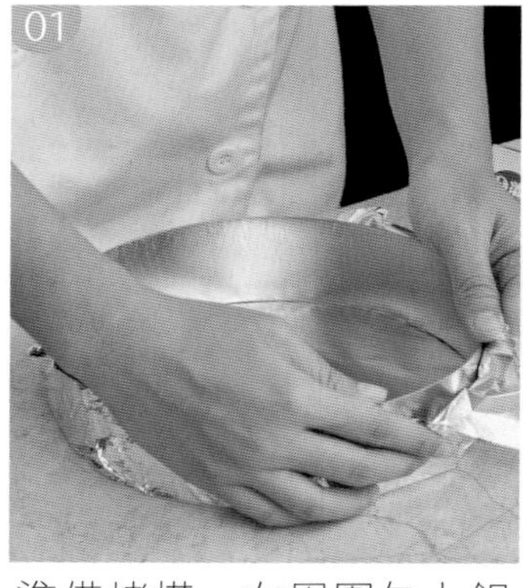

01 準備烤模，在周圍包上鋁箔紙

02 先將奶油切丁

03 煮融

巧克力備製

04 苦甜巧克力切丁，與水滴巧克力混和

05 隔水煮融

攪拌均勻

06 蛋、細砂糖、鹽混和

07 用球狀攪具一起打發至接近乾性發酵

08 將已融化奶油與融化巧克力攪拌均勻

倒入攪拌缸

再放入已過篩低筋麵粉攪拌均勻

加入核桃

完成如圖

將完成的巧克力麵糊倒入模型

用刮板抹平後表面灑核桃碎粒

烘烤與裝飾

上火 190° C/ 下火 160° C 烤約 25 分

出爐後冷卻切割

灑防潮糖粉

NO.14

Walnuts Longan Cake

桂圓核桃蛋糕

桂圓蛋糕為台灣相當知名的伴手禮選項之一，傳統的桂圓蛋糕會先將桂圓乾加酒及養樂多讓其材料發酵熟成，麵粉的選擇上以中筋麵粉為主來提升蛋糕綿實口感，最後再加上桂圓乾以增添口感。

器具 Appliance

- 硬殼蛋糕小紙杯
- 打蛋器
- 木杓
- 擠花袋

材料 Material/ 公克 (g)

材料	公克	材料	公克	材料	公克
動物性鮮奶油	120	桂圓乾	180	全蛋	450
無鹽奶油	60	高筋麵粉	240	砂糖	150
養樂多	200	低筋麵粉	240	紅糖	90
小蘇打	6	泡打粉	8	鹽	3
轉化糖漿	110	蘭姆酒	50	碎粒核桃	180
沙拉油	33				

作法 METHOD

裝盤重量：3 7g

預備

01 先準備好蛋糕紙杯

02 將動物性鮮奶油、無鹽奶油、牛奶、小蘇打、轉化糖漿、沙拉油與紅糖一同混勻煮沸，完成備用

攪拌均勻

03 雞蛋加砂糖及鹽打到乾性發泡

04 打發後倒入先前預備好煮勻的奶油中

05 完成後倒入桂圓，攪拌均勻後倒入擠花袋

烘烤

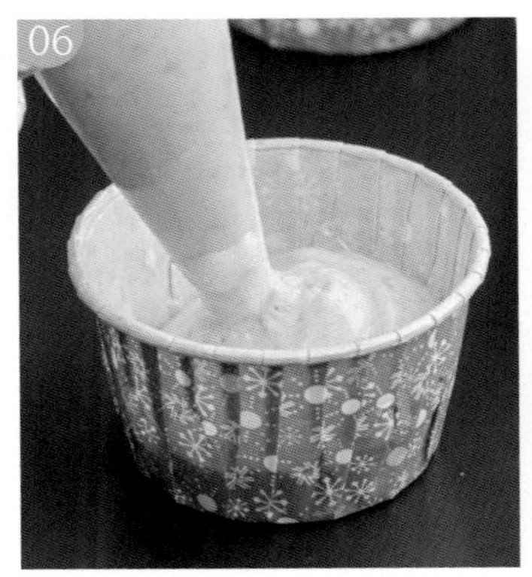

06 將麵糊依序擠入紙杯八分滿

07 上面再撒碎粒核桃

08 進爐烤上火 190° C/ 下火 200° C 烤約 26 分

NO.15

栗子蒙布朗

— Chestnut Mont Blanc —

材料 Material

栗子奶油餡	公克 (g)	蛋白餅	公克 (g)
· 全蛋	400	· 奶油	660
· 格司	800	· 糖 1	150
· 栗子切丁	400	· 糖 2	150
· 萊姆酒	68	· 有糖栗子餡	300
		· 杏仁粉	600
		· 格司粉	330

香緹	公克 (g)	栗子蒙布朗線條	公克 (g)
· 動物性鮮奶油	100	· 栗子醬（含糖）	350
· 香草精	2	· 無糖栗子泥	1/3 罐
· 砂糖	7	· 香草酒	25
		· 香草莢醬	13
		· 動物性鮮奶油	330

白朗峰為西歐第一高峰，而蒙布朗的外型就是象徵著冬季覆蓋白雪的白朗峰，秋天又會因為枯木而成為褐色。蒙布朗在傳統上是用栗子製成，且栗子的產季為秋天，又因為白朗峰也剛好在秋天變成褐色，栗子蒙布朗的名號由此而生。

作法 METHOD

裝盤重量：24g

蛋白餅製作

蛋白、糖粉、糖 1 混和打發

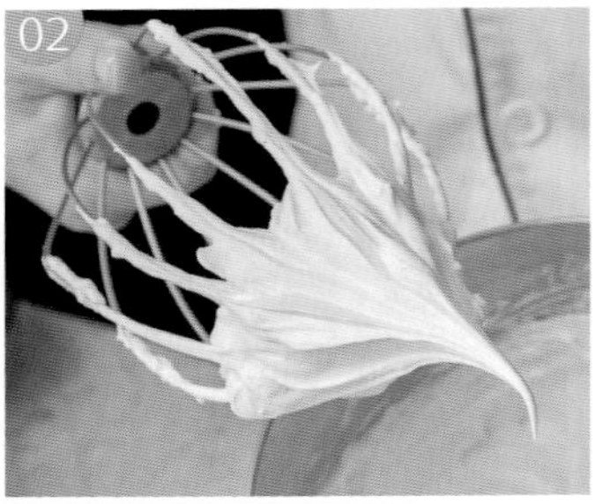

打發至硬性發泡

再拌入杏仁粉、糖 2

完成後均匀抹平在烤盤上

進烤箱以上火 170° C/ 下火 160° C 烘烤

內餡製作

果泥加熱至 60° C

依序加入蛋、糖、奶油攪拌均勻

最後加入泡軟的吉利丁。完成填入擠花袋備用

蒙布朗線條製作

將奶油加熱融化

加入栗子餡與蘭姆酒

煮製攪拌均勻。完成後填入擠花袋備用

香緹製作

12
將動物性鮮奶油放入攪拌缸

13
加入砂糖

14
加入香草精後打發。完成後填入擠花袋備用

蛋白餅切割

15
取出蛋白餅，切出適當大小

16
取模具與蛋白餅一個

17
放入模具

組合

18
蛋白餅擠上內餡

19
擠上香緹

20
取抹刀抹成山型

21
外圍擠上螺旋紋線條

22
完成後在頂端放上栗子與薄荷葉

23
抹上果膠

2

麵包
‧
造型饅頭

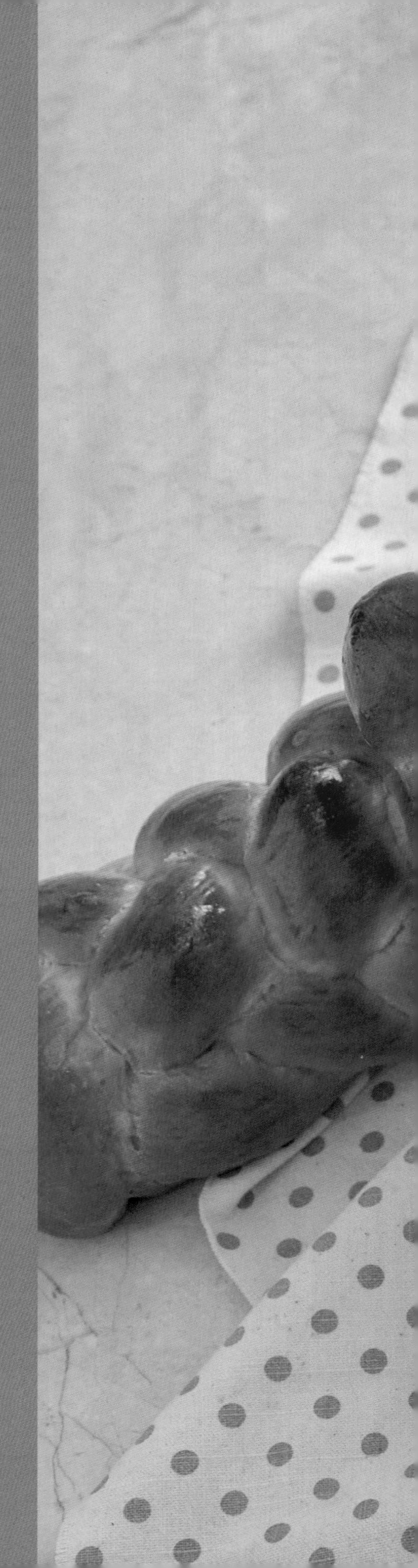

辮子麵包 4 辮・5 辮 ・6 辮

NO.16

瑞士辮子麵包

Swiss Braid Bread

器具 Appliance

- 攪拌機具組
- 切麵刀
- 磅秤
- 毛刷
- 烤盤
- 擀麵棍

材料 Material/ 公克 (g)

高筋麵粉	1000	乾酵母粉	12
糖	135	奶粉	40
鹽	15	奶油	45
冰水	450	沙拉油	80
全蛋	100	老麵糰	100

辮子麵包最初流行於瑞士，是一種由麵粉，牛奶，雞蛋，奶油和酵母攪拌製成的麵包，麵糰在編成辮子狀，進入烤焙以前會在表面塗上一層蛋黃，因此烤出來的麵包具有金色的酥脆外殼。而編成辮子狀的手法，也是需要經過相當多琢磨的喔！

作法 METHOD

裝盤重量：１００g

麵糰製備

所有材料放置攪拌機

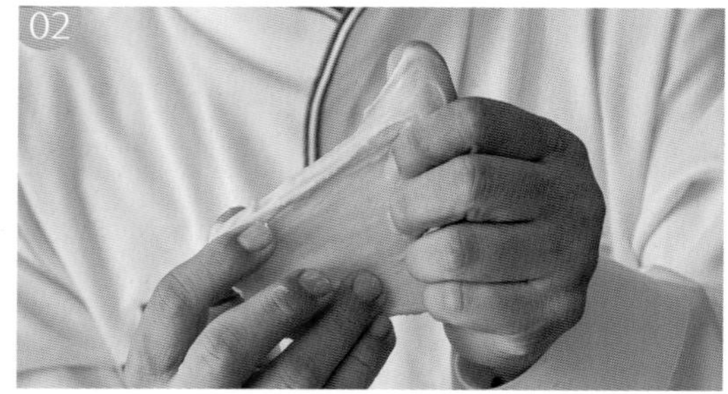

勾狀攪具攪拌至接近完成階段後放進發酵箱基本發酵 60 分鐘

整形

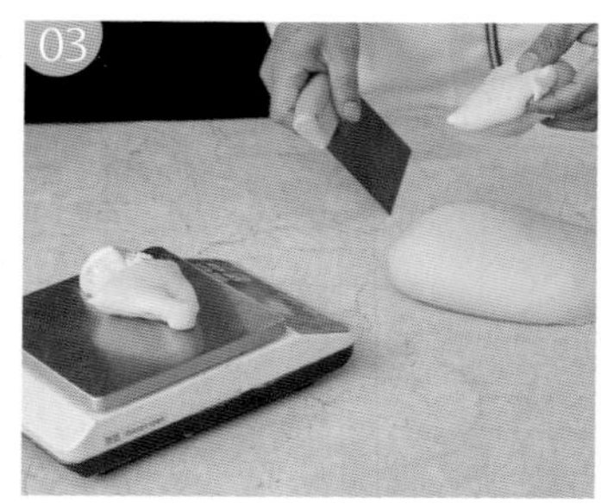

分割重量 100 公克

滾長

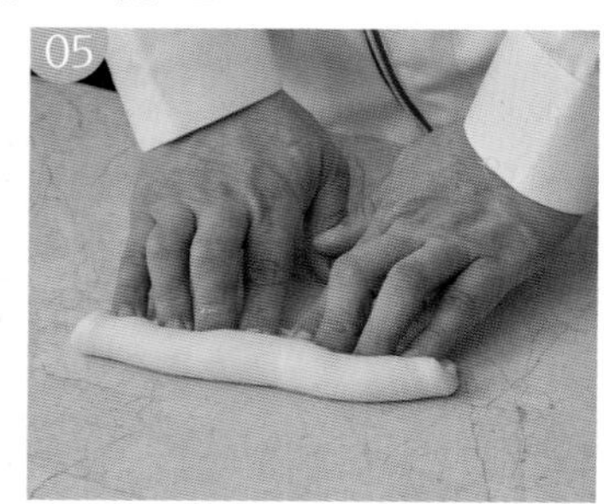

捲起

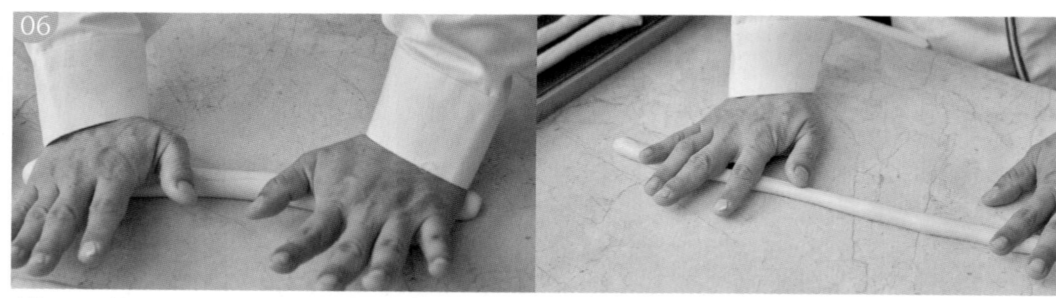

搓長。整形長條型平放烤盤上後放入發酵箱，中間發酵 20 分鐘

烘烤

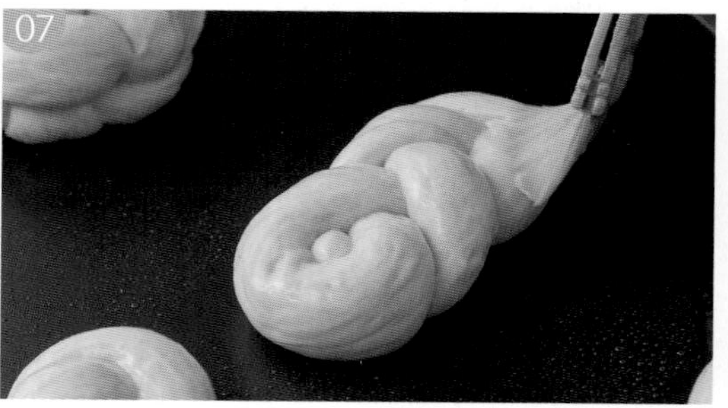

取編織好的麵糰，表面擦拭全蛋液

上火 190 ° C/ 下火 180° C 約 25~30 分產品出爐

一瓣編織法

編織

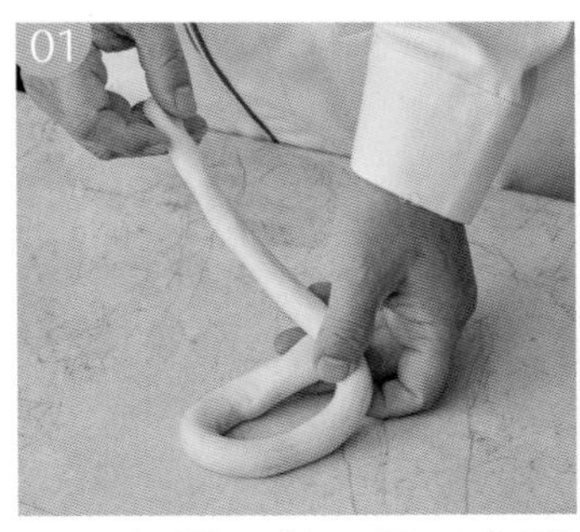

取一麵糰，做一個 9 字型

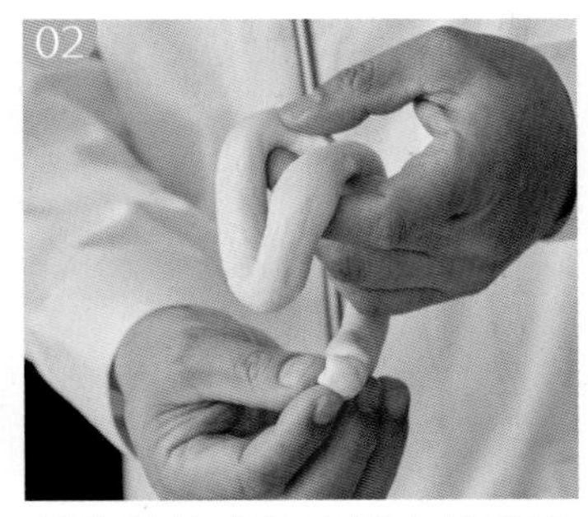

抓住連接處使尾端自然垂降

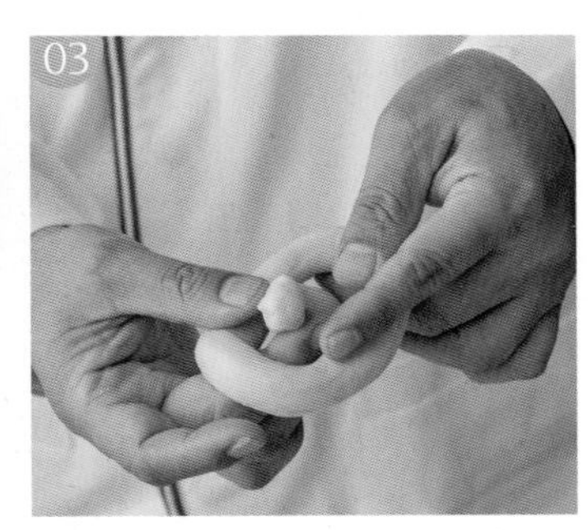

將尾端往上穿過圓圈處

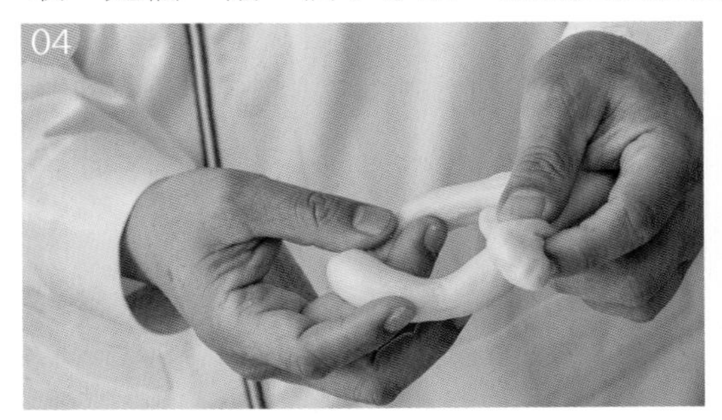

捏住連接處，拉開圓圈

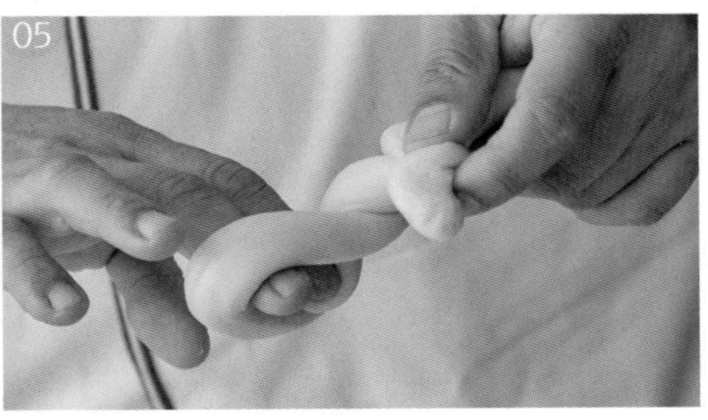

將圓圈朝自己轉一圈

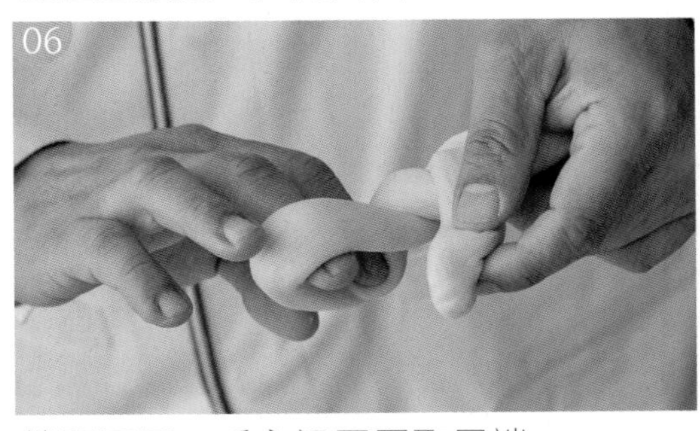

撐開圓圈，手穿過圓圈取尾端

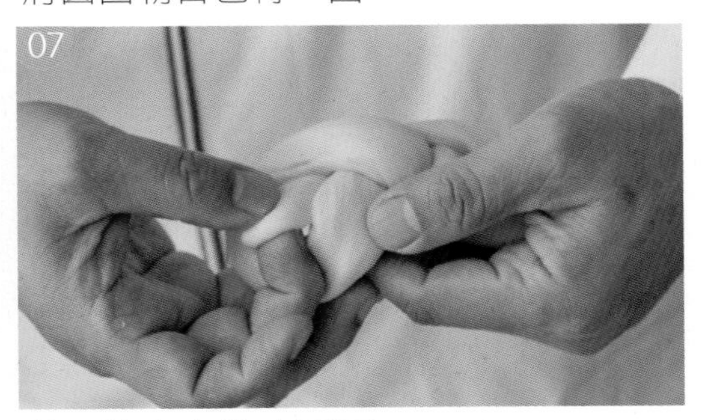

將尾端向上拉出圓圈

完成

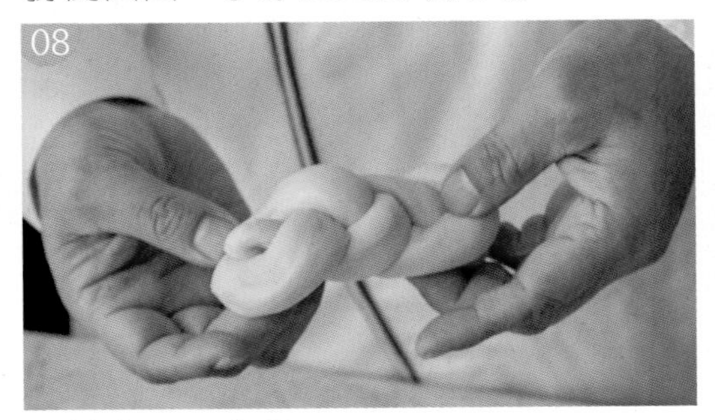

尾端與圓圈交疊

完成

作法 METHOD

二辮編織法（球狀）

編織

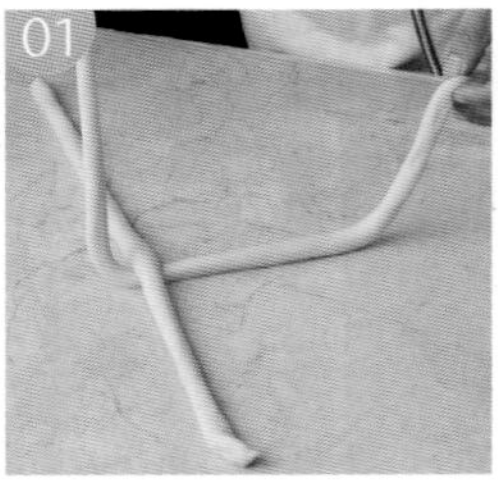

01 麵團交叉放後執起兩端

02 上端往下折，下端轉 90 度，覆上麵糰，與另邊麵糰呈平行狀

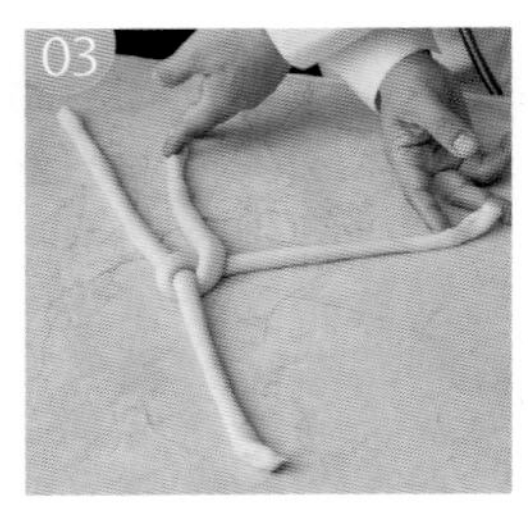

03 完成如上圖

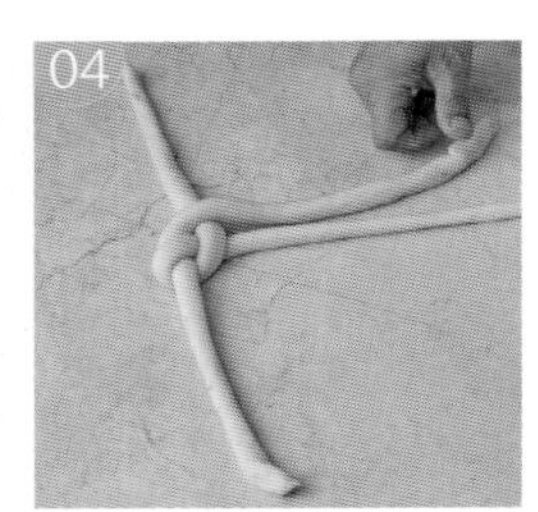

04 執起最外側的麵糰，轉 90 度與另邊麵糰呈平行

05 反折完將另邊麵糰提起

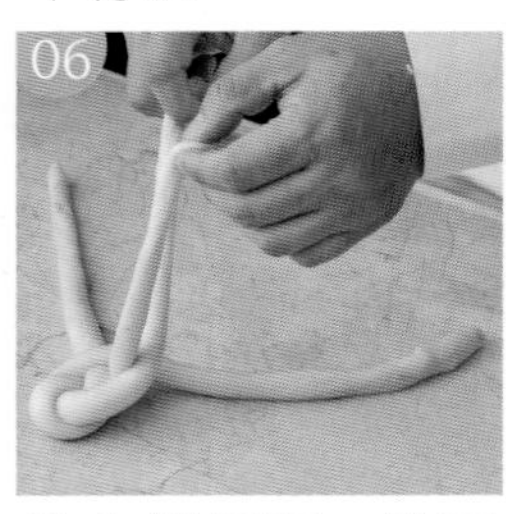

06 取上端麵糰，從下繞過作交叉

07 完成如上圖。再執起最外側麵糰

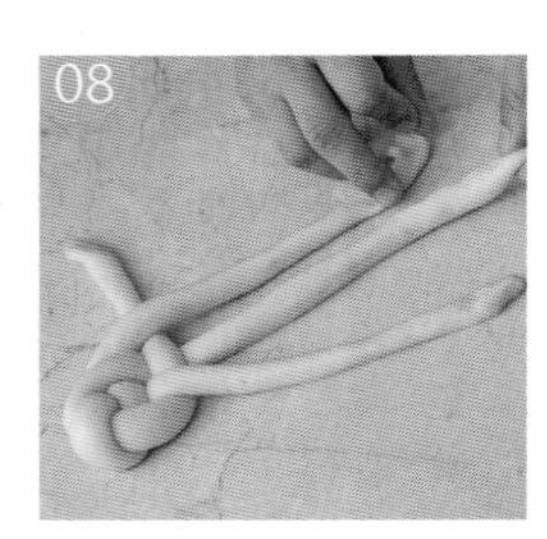

08 轉 90 度與另邊麵糰呈平行

09 再執起中間與最外側麵糰從下繞過作交叉

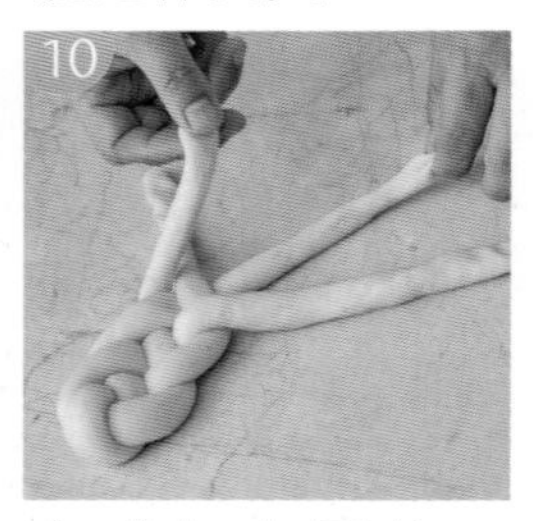

10 完成如上圖後，再執起最外側麵糰，轉 90 度與另邊麵糰呈平行

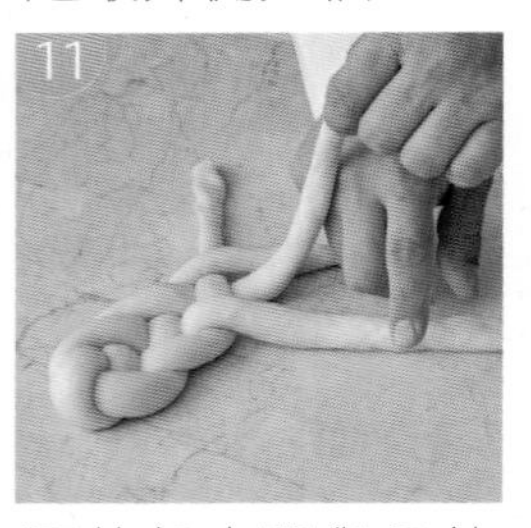

11 再執起中間與最外側麵糰，從下繞過作交叉

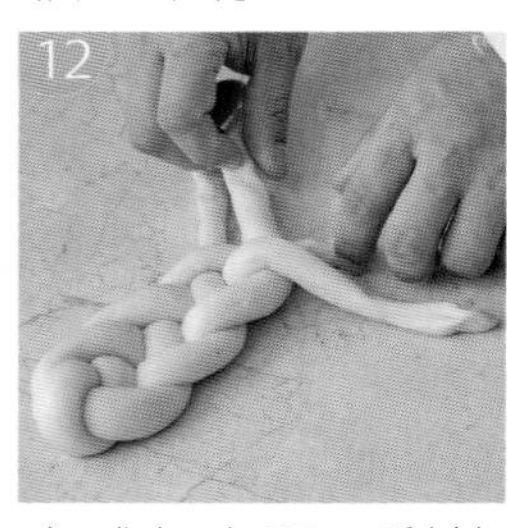

12 完成如上圖，剩餘麵糰反覆此操作

完成

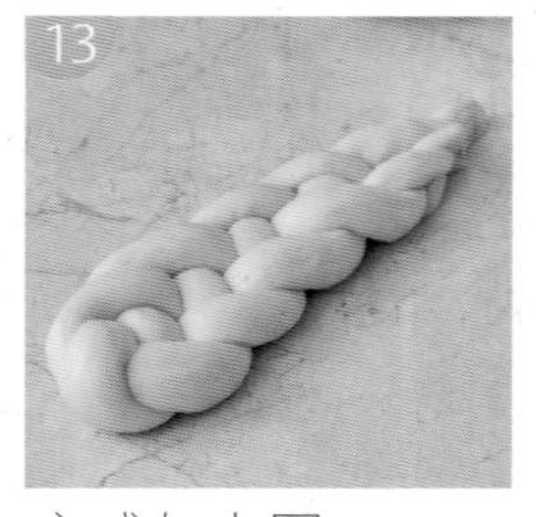

13 完成如上圖

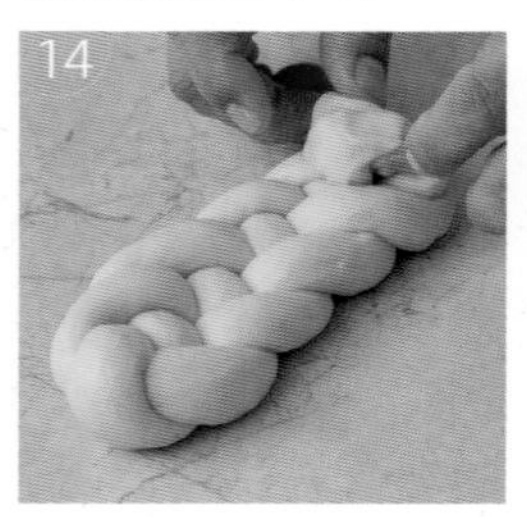

14 完成後向上捲起

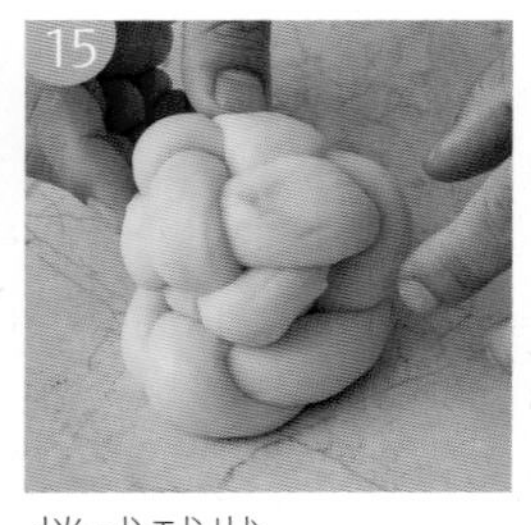

15 捲成球狀

16 完成

二辮編織法（鎖鏈狀）

編織

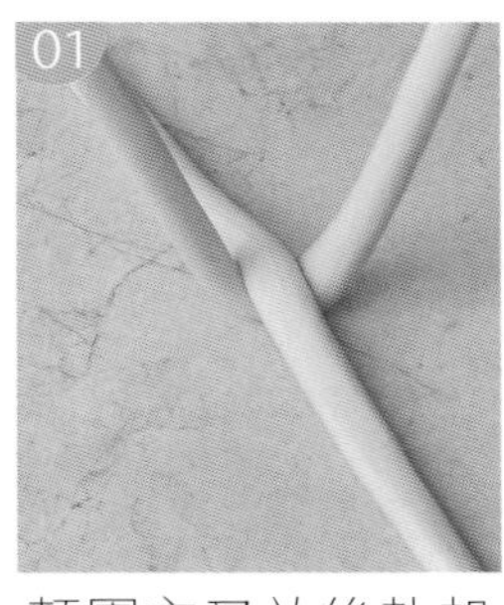

麵團交叉放後執起兩端

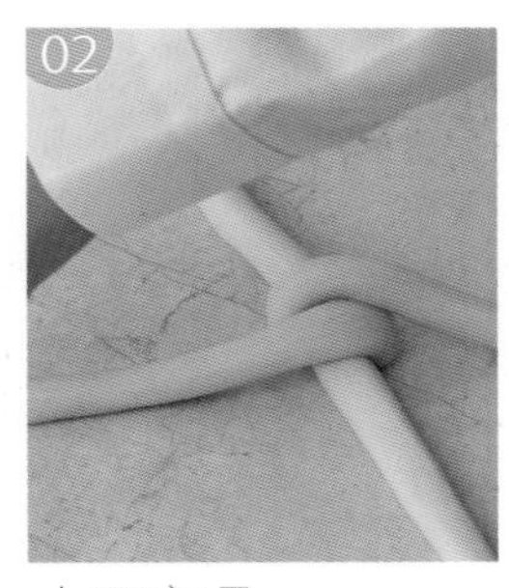

上下交疊

執起另外兩端

交疊

執起另外兩端

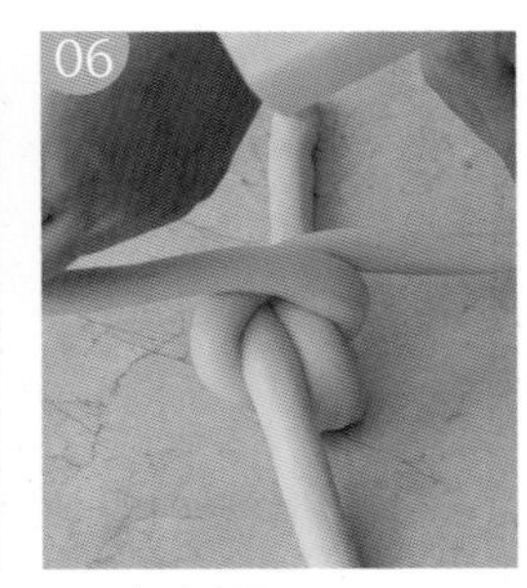

再次交疊

再次執起另外兩端

再次交疊

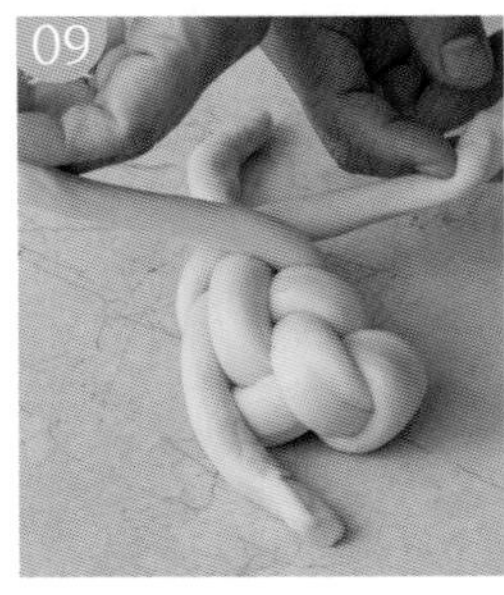

執起另外兩端進行交疊

上下麵團交疊到同一邊

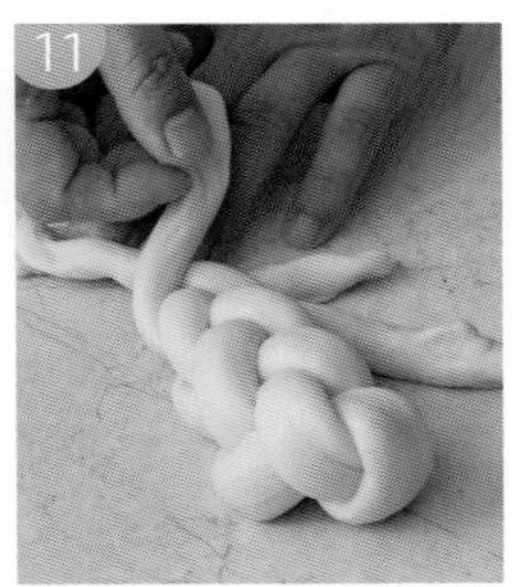

取最外側麵糰疊上

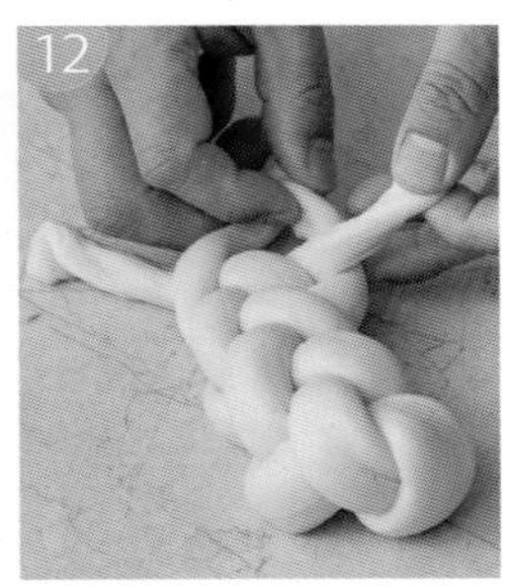

取另一側最外側麵糰由下往上交叉

完成

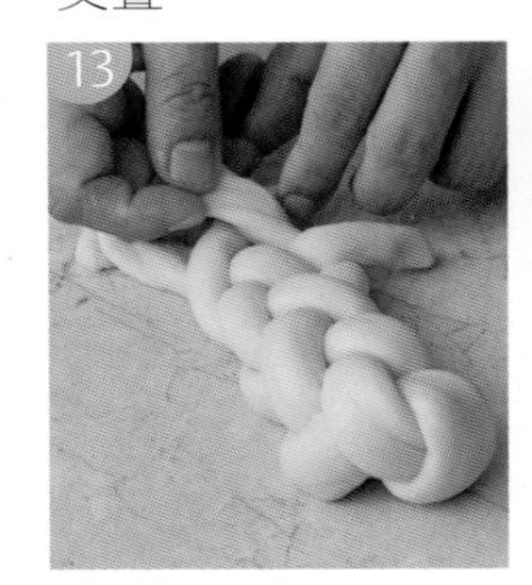

往上交叉

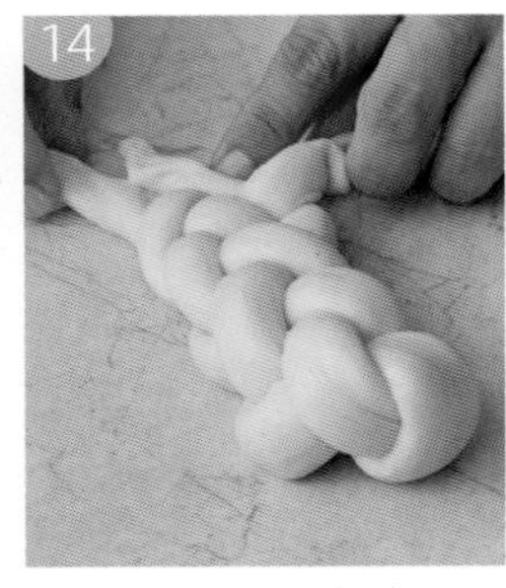

取最外兩側麵糰

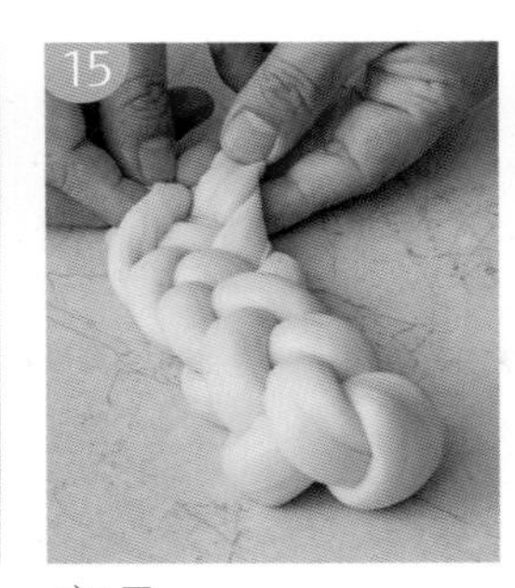

交疊

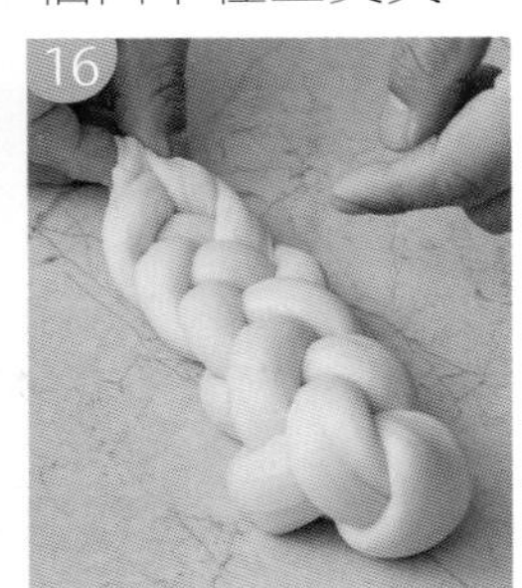

捏緊即完成

作法 METHOD

四瓣編織法

編織 → 完成

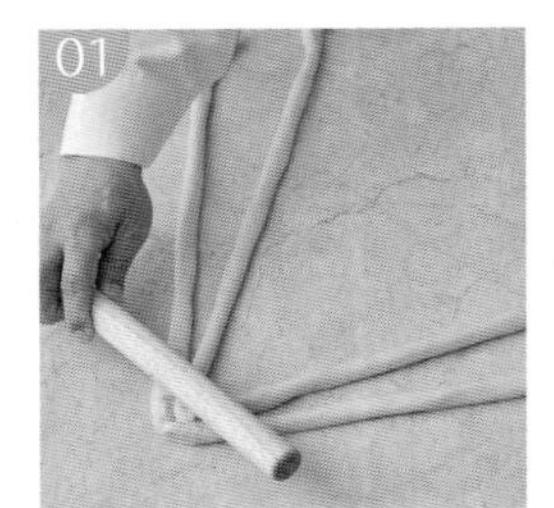
01 取四條麵糰，擺放如圖，頂端壓實

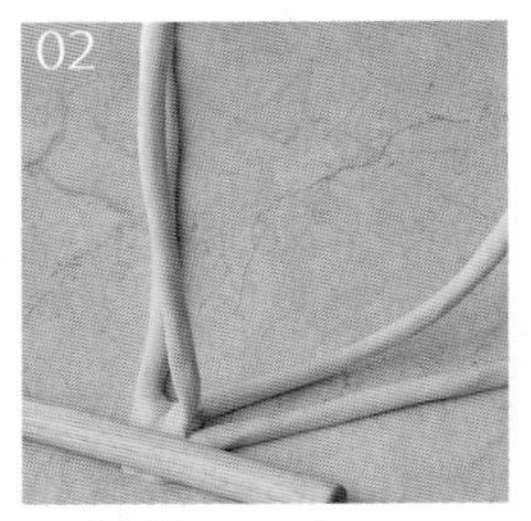
02 口訣為 2 到 3

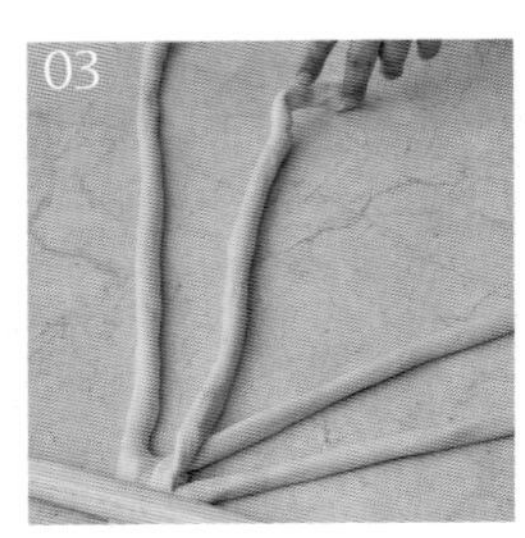
03 2 到 3

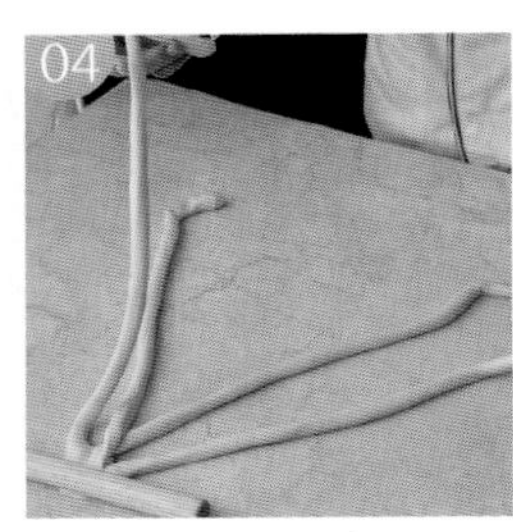
04 4 到 2

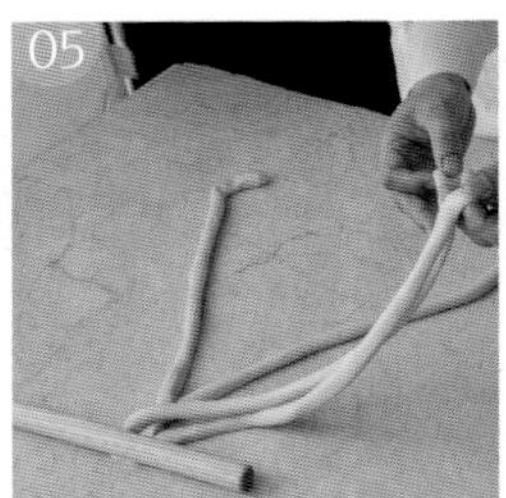
05 4 到 2

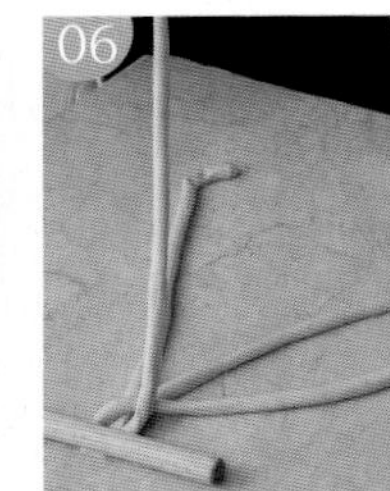
06 1 到 3

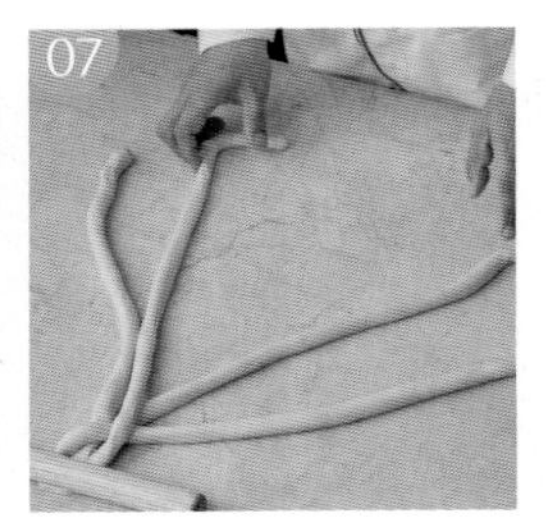
07 1 到 3

08 反覆操作，完成如圖上

五瓣編織法

編織 → 完成

01 取五條麵糰，擺放如圖，頂端壓實

02 口訣為 2 到 3

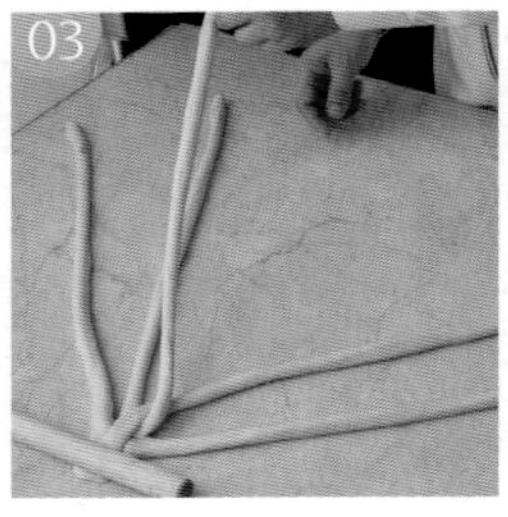
03 2 到 3

04 5 到 2

05 5 到 2

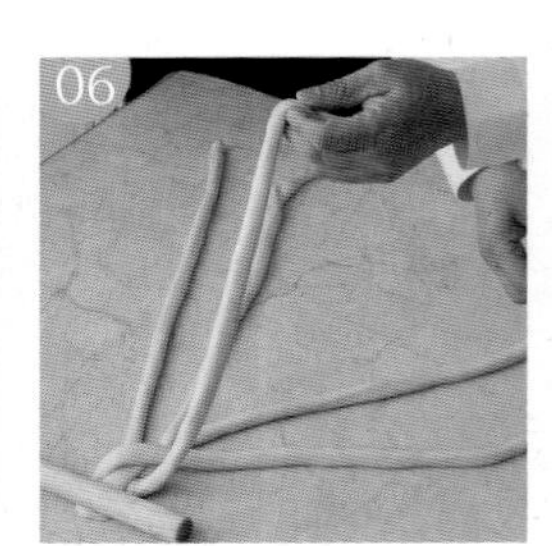
06 1 到 3

07 1 到 3

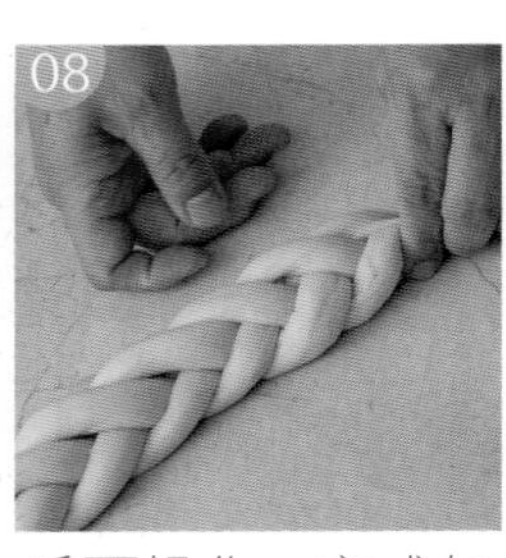
08 反覆操作，完成如圖上

六辦編織法

編織 → 完成

01

取六條麵糰，擺放如圖，頂端壓實

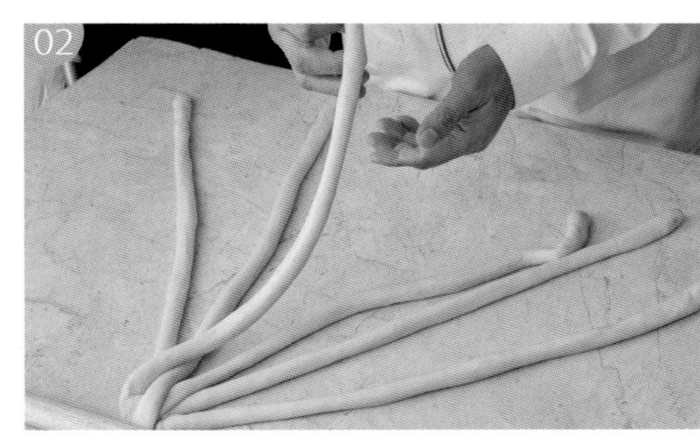

02

口訣為 6 到 4

03

6 到 4

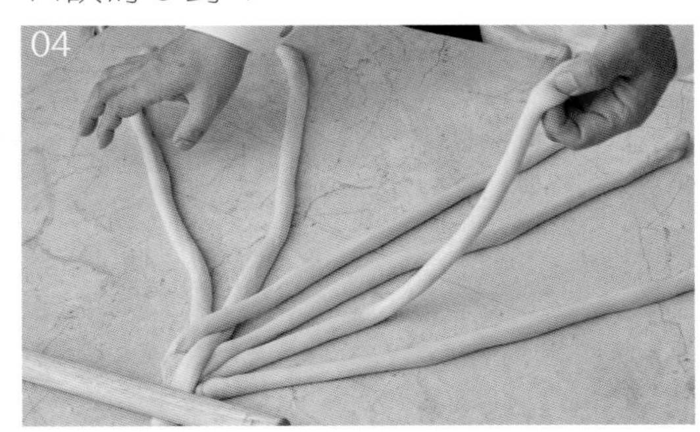

04

2 到 6

05

2 到 6

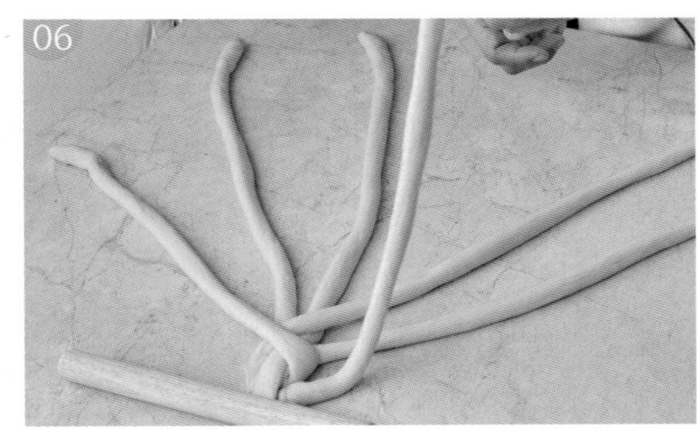

06

1 到 3

07

1 到 3

08

反覆操作，完成如圖上

NO.17

Korean Puff Bread

韓國 QQ 麵包

這款風行在台灣的麵包，之所以被稱作韓國麵包是因為早期該麵包在發表時，加入韓國泡菜口味而聞名，其內裡猶如地瓜球，加熱膨脹為原體基數倍，原料添加樹薯澱粉及澄粉，出爐時內部中空，表皮硬實香酥，冷卻後表皮韌性口感相當有嚼勁！

器具 Appliance

- 烤盤
- 噴水壺
- 磅秤
- 切麵刀
- 攪拌機組

材料 Material/ 公克 (g)

材料	份量	材料	份量
韓國粉	880	奶油	150
高筋麵粉	120	水	310
奶粉	30	鹽	2
全蛋	6 個	烤過黑芝麻	36

TIPS 重點小技巧

在揉製過程中，手上沾些許沙拉油可輔助作業，讓麵糰更順利成型喔！

作法 METHOD

裝盤重量：55g

攪拌均勻

01 除黑芝麻之外，將所有材料放入

02 攪拌機槳狀攪具慢速 2 分中速 1 分

03 最後加入黑芝麻攪拌均勻

04 攪拌均勻如圖

成糰與分割

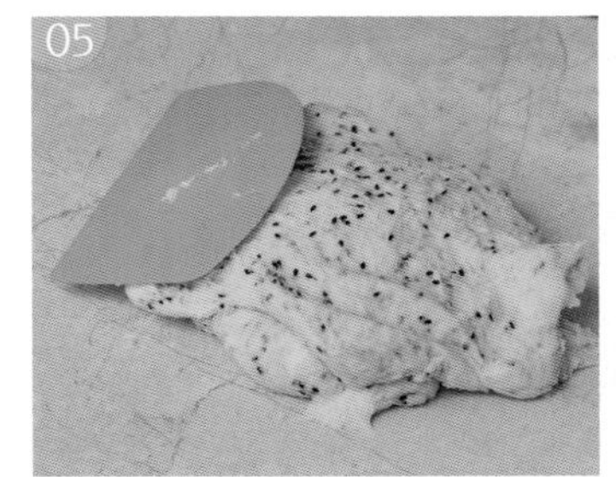

05 取出成糰

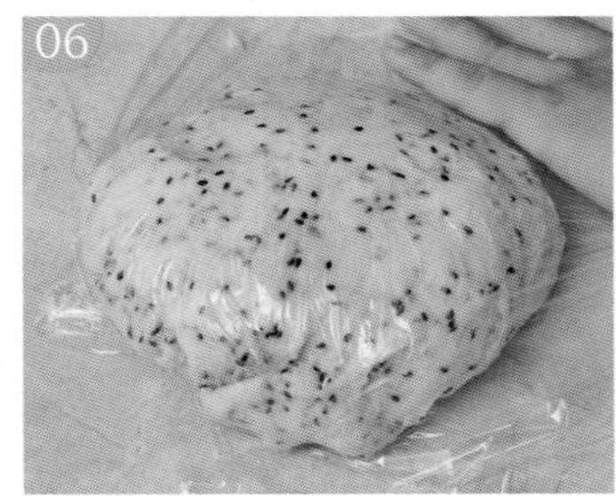

06 包覆保鮮膜鬆弛 20 分鐘

07 完成後取出，將麵糰分割成 55 公克

烘烤

08 手沾沙拉油，將麵團滾圓後，平均間隔放置烤盤上

09 先烤 8 分鐘後烤盤托出

10 麵糰表面噴水

11 上火 200° C/ 下火 190° C 烤 28 分

NO.18

黑眼豆豆麵包

— Black Rock Chocolate Meal Bag —

器具 Appliance

- 攪拌機具組
- 切麵刀
- 磅秤
- 毛刷
- 烤盤
- 包餡尺
- 篩網
- 橡皮刮刀

材料 Material

主麵糰	公克 (g)
高筋麵粉	500
糖	90
鹽	8
酵母	9
可可粉	12
動物鮮奶油	50
蛋	50
水	210
白油	55

內餡	公克 (g)
軟質巧克力	150
水滴巧克力	120
八分之一核桃	80

外觀裝飾	公克 (g)
防潮糖粉	60
鈕釦型巧克力	適量

使用天然棕色可可粉，讓麵包呈現黑釉色，內餡搭配軟質巧克力，外觀添加一對用巧克力作成的眼睛，可愛造型相當吸引年輕消費者的青睞！

作法 METHOD

裝盤重量：80g

主麵糰製作

所有材料放置攪拌機，用勾狀攪具慢速攪拌兩分鐘

再用中速攪拌至接近擴展階段

將白油以慢速攪拌三分鐘均勻

再把麵糰繼續用勾狀攪具中速攪拌至完成階段，放進發酵箱基本發酵 60 分鐘

主麵糰分割

完成後取出，分割重量約 80 公克

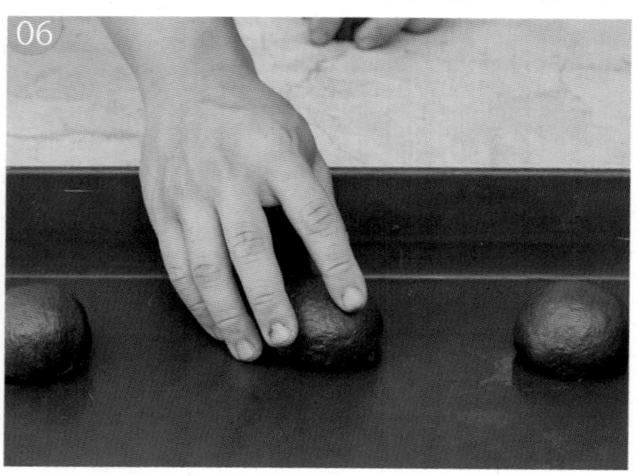

滾圓平放烤盤上，完成後放入發酵箱，中間發酵 20 分鐘

餡料製作

核桃碎粒要先用上下火 150° C 烤 10 分鐘

冷卻後取出，再跟其他材料混和

攪拌均勻

組合

取預備好的麵糰

包入適量餡料

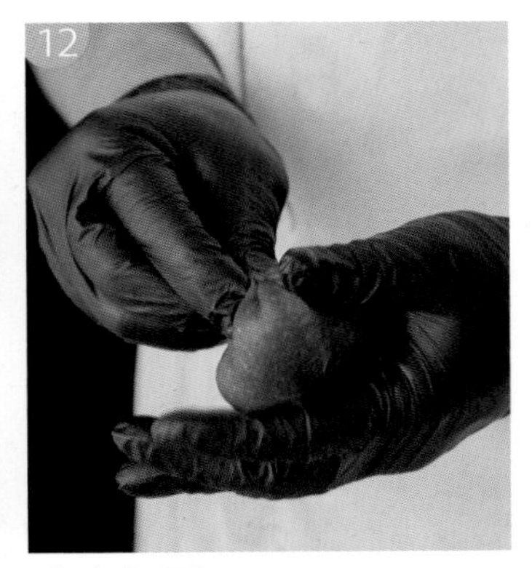

收合麵團

烘烤與裝飾

最後發酵 50 分鐘，發酵完進爐烘烤，上下火 190 ° C 約 21 分產品出爐

烘烤完取出，再用鈕釦型白巧克力裝飾眼睛

表面灑糖粉，完成

NO.19

Italian Focaccia

義大利佛卡夏麵包

佛卡夏（義大利語：Focaccia）源於羅馬時期「panis focacius」一詞，focacius 在拉丁文中是壁爐的意思。過去在羅馬時期的佛卡夏是由麵粉、水和酵母和鹽揉成的麵糰，並在金屬製的火盆內烹製烘烤成形。

佛卡夏麵包的質地厚實柔軟、低糖不膩，一般食用方法是夾火腿、蔬菜或起司，做成三明治，鬆軟口感也很適合直接食用喔！

材料 Material

主麵糰	公克 (g)
高筋麵粉	870
低筋麵粉	130
糖	50
鹽	16
老麵糰	100
義大利綜合香料	4
橄欖油	100
英國麥芽精	15
乾酵母粉	15
冰水	550

表面裝飾	公克 (g)
切片黑橄欖	20 顆
食品級粗鹽	100
橄欖油	250
聖女小紅蕃茄	20 個

作法 METHOD

成品數量：１０個

裝盤重量：１８０g

攪拌均勻與發酵

將主麵糰所有材料用勾狀攪具攪拌至近完成階段

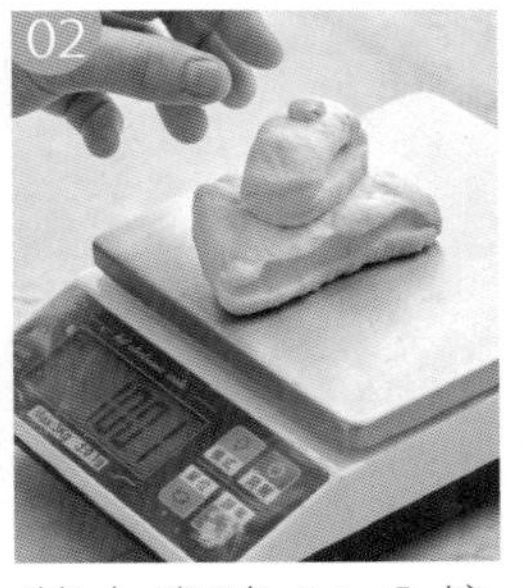

基本發酵 60 分鐘後分割約 100g

滾圓後再發酵 25 分鐘

壓延圓扁形

造型與調味

塑出所要的造型

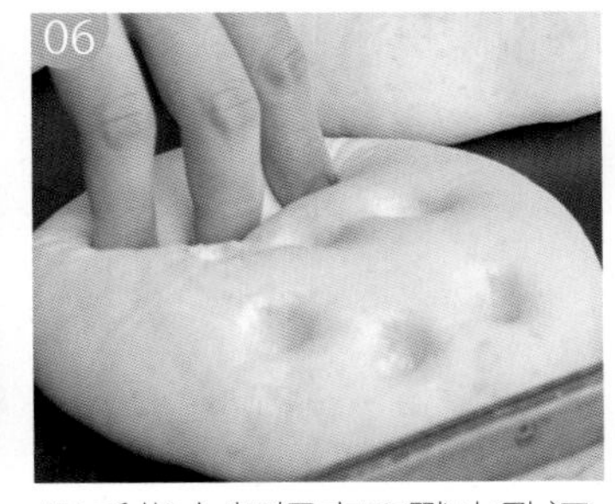

用手指在麵糰表面戳出孔洞

表面擦拭橄欖油

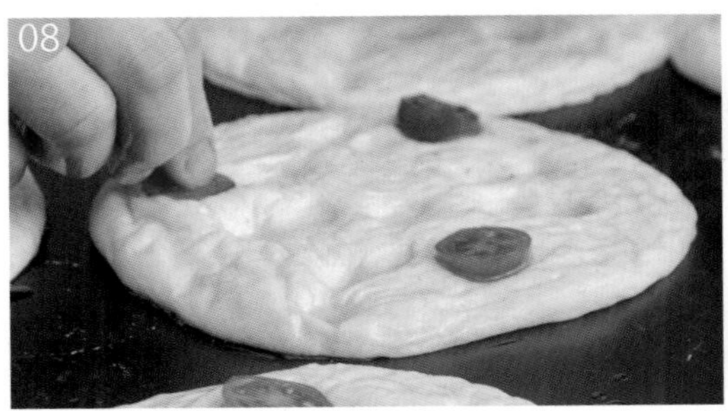

放上番茄

放上黑橄欖並撒上粗鹽與義大利香料

烘烤

進烤箱上火 190° C/ 下火 190° C 烤約 20 分

烤完趁熱再抹橄欖油一次

NO.20

Banana Bread

香蕉麵包

香蕉麵包最早的配方大約是出現在 1930 年代的烹飪書中。1930 年代，隨著泡打粉大量被使用在糕點製作中，香蕉麵包也因而得名。而這一款外形像條狀的常溫蛋糕，除了風味濃郁外，口感也是相當鬆軟綿密，很適合在早餐及午茶點心做搭配食用喔！

器具 Appliance

· 長條蛋糕模具
· 烘焙紙
· 烤盤
· 西餐刀
· 蛋糕探針
· 攪拌機具
· 毛刷
· 鋼盆
· 橡皮刮板

材料 Material/ 公克 (g)

材料	公克 (g)
奶油	450
砂糖	600
鹽	7
全蛋	6 個
熟香蕉	650
烤過碎粒核桃 1/8	240
高筋麵粉	650
泡打粉	16
動物性鮮奶油	200
蘭姆酒	65

作法 METHOD

成品數量：6 個

裝盤重量：500g

將奶油與砂糖放入攪拌缸用槳狀攪拌器打發

雞蛋分次加入打發麵糊

再加入香蕉丁一起繼續打發至砂糖溶解

再將動物鮮奶油及酒一起加入與麵糊攪拌均匀

直到麵糊呈乳白色，加入高筋麵粉、泡打粉與烤過的核桃拌均

烘烤

預先準備長條蛋糕烤模，圍好已切割的紙張，倒入麵糊

進烤箱烘烤上火 200° C/ 下火 190° C 烤約 50 分

烤好脫模冷卻將圍邊紙撕開

蛋糕表面可擦拭糖水

NO.21

歐巧克力麵包

Chocolate Ouke Bread

器具 Appliance

- 擀麵棍
- 切麵刀
- 包餡尺
- 磅秤
- 橡皮刮刀
- 桌上型攪拌機
- 剪刀

材料 Material

主體	公克(g)
高筋麵粉	500
糖	60
鹽	8
麵包改良劑S-500	5
可可粉	19
乾酵母粉	9
鮮奶	100
全蛋	100
奶油	60
冰水	100

歐克皮	公克(g)
高筋麵粉	105
低筋麵粉	22
糖粉	11
水	62
白油	40

內餡	公克(g)
軟質巧克力	250
蜜核桃	65
泡酒葡萄乾	108

歐克麵包是以一層歐克白油皮，包覆整個麵包，麵包內有內餡，做出多層次的口感，是款極受市場歡迎的麵包。而除了表皮可撒上黑芝麻粒外，麵糰內也可更換為草莓、巧克力或玫瑰口味來組合喔！

作法 METHOD

裝盤重量：8 5g

內餡製作

內餡材料混勻

混勻後備用

歐克皮製作與發酵

歐克皮材料依序混勻，攪拌完成

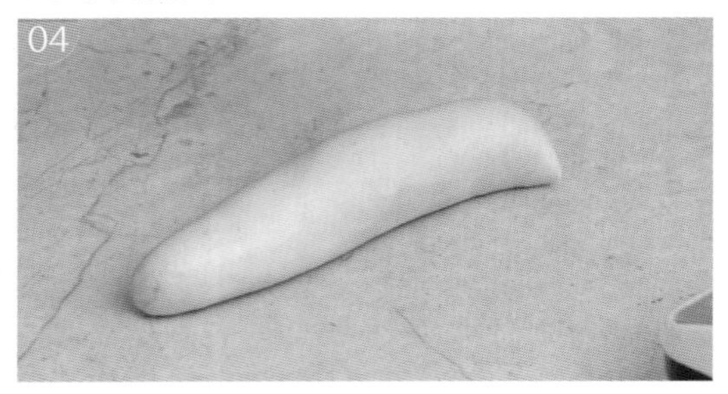

完成後放進發酵箱基本發酵

主麵糰製作與發酵

用勾狀攪具將主麵糰材料混勻

用槳狀攪具拌至完成階段後加入奶油，放進發酵箱基本發酵 60 分鐘

分割與組合

分割重量 65 公克。依序放在烤盤上，放入發酵箱發酵 20 分

取出壓平後，取先前置備好的內餡

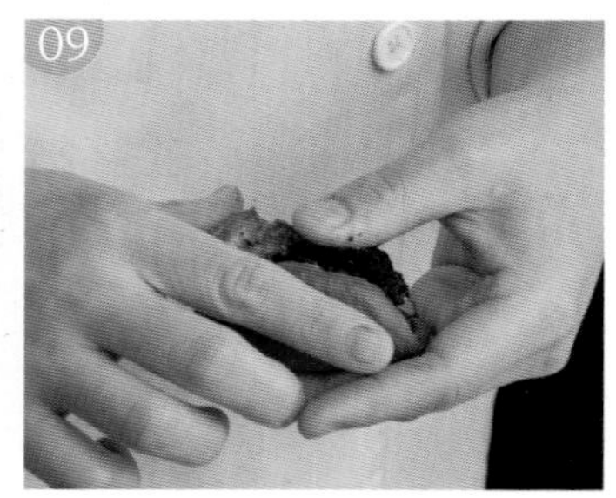

包內餡，完成後再發酵 40 分鐘

歐克皮組合

歐克皮發酵完取 20g

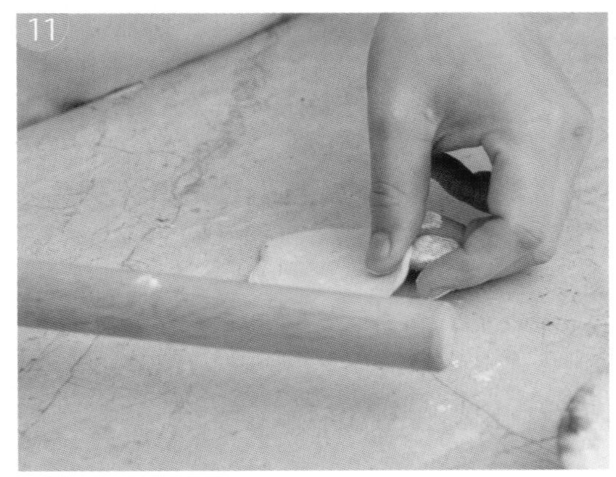

壓延

擀平

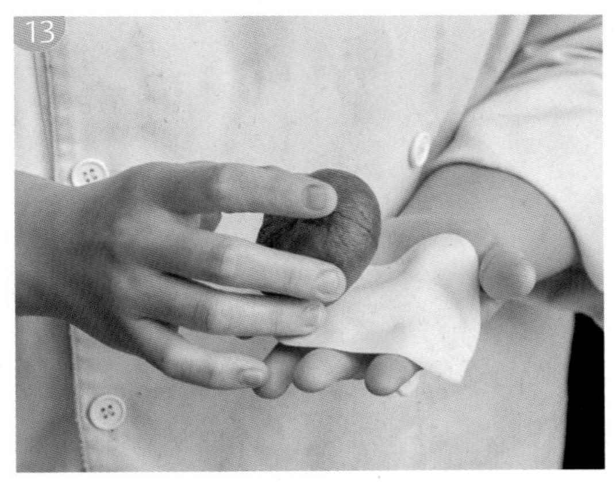

將巧克力麵糰包入，最後發酵 40 分鐘

烘烤

烤前取剪刀剪側邊

撒上芝麻後用上火 160° C/ 下火 190° C 烤 25 分，完成出爐後敲氣

NO.22

猶太貝果麵包

Israelite Bagels

器具 Appliance

- 攪拌機具
- 漏水勺
- 磅秤
- 煮鍋
- 切麵刀
- 烤盤
- 毛刷

材料 Material/ 公克 (g)

- 高筋麵粉 500
- 糖 30
- 鹽 8
- 水 230
- 乾酵母粉 6
- 沙拉油 22
- 全蛋 1個
- 奶粉 6
- 老麵 50

貝果這個字源自於德文「bougel」，是手鐲的意思，也是由它的外型而得名。而為了符合貝果的定義，除了圓形外表和中間的空洞外，表皮也需要用熱水燙麵過，才能彰顯出麵筋熟化，韌性十足的口感喔！

作法 METHOD

裝盤重量：90g

麵糰製作

01 所有材料放置攪拌缸

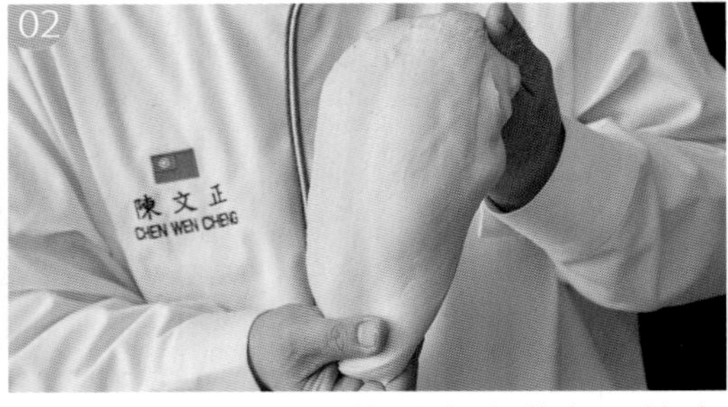

02 用勾狀攪具攪拌至接近完成階段，放發酵箱基本發酵 60 分鐘

分割與發酵

03 分割重量約 90 公克

04 整形成長條後平放烤盤。放發酵箱發酵 20 分鐘

塑型

05 發酵完後取出壓延

06 擀平

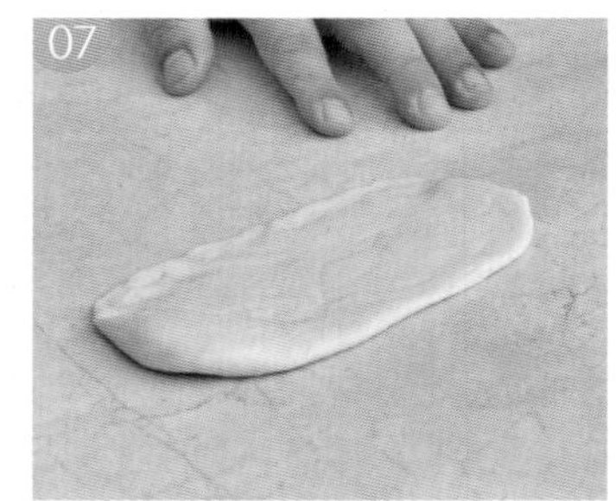

07 將麵糰轉 90 度

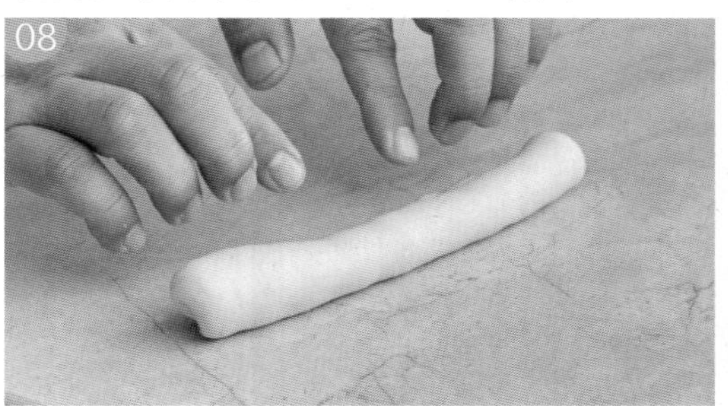

08 捲起

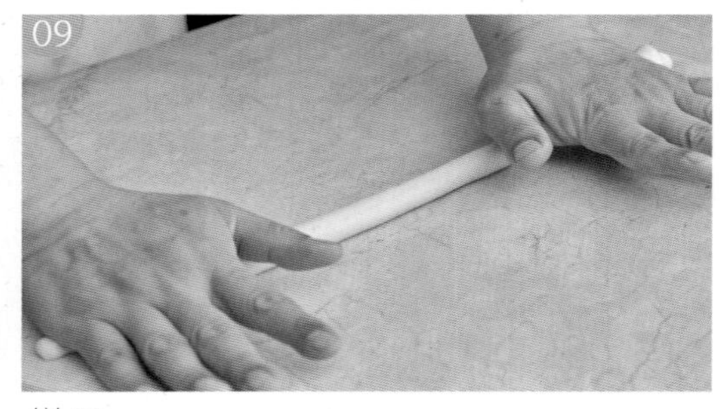

09 搓長

燙麵

烘烤

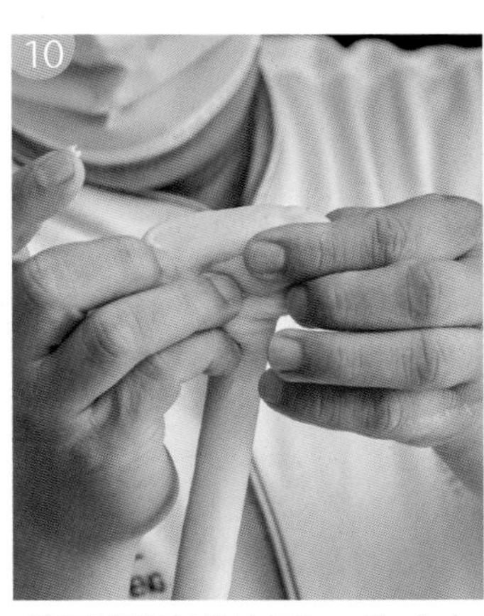

將麵糰尾端拉開，分成左右兩瓣

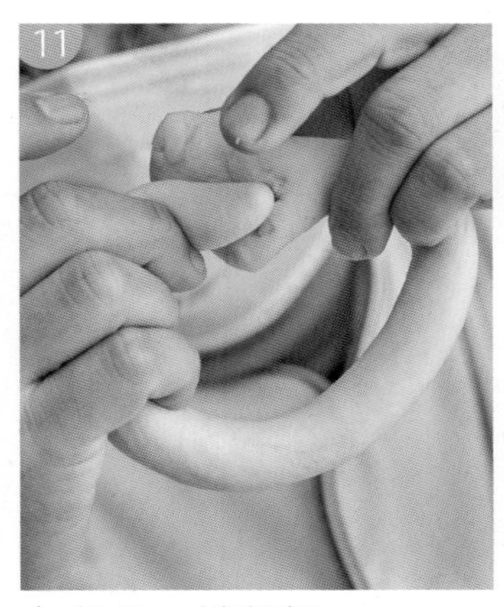

包起另一端麵糰

收合成甜甜圈的形狀

以 90° C 以上熱水燙麵

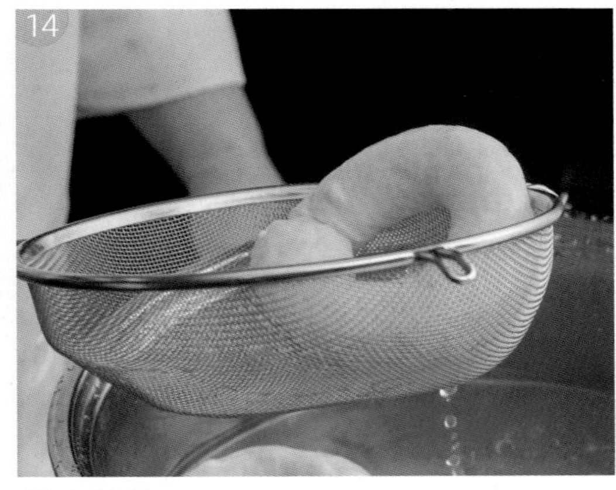

將水瀝乾

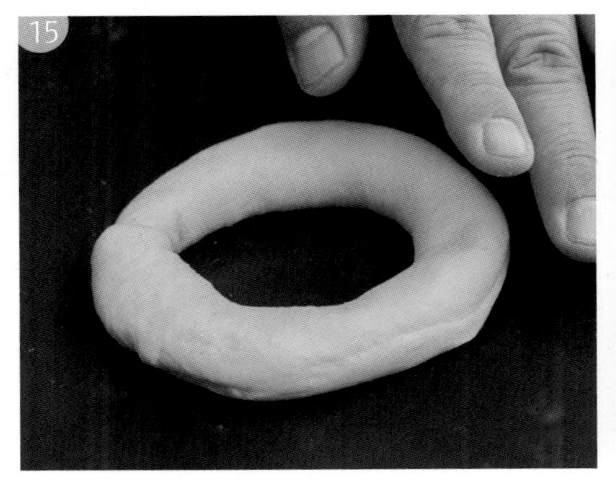

瀝乾後再放至烤盤

上火 180° C/ 下火 160° C 烤約 24 分

NO.23

Mochi Buns with Candied Red Beans

娃娃紅豆麻糬麵包

將麵包與麵皮做出可愛娃娃的平面造型，風趣多變，又能吸引年輕的消費族群。內餡紅豆搭配麻糬，很適合東方和風的內餡風味

材料 Material

主麵團	公克 (g)
· 高筋麵粉	500
· 細砂糖	65
· 鹽	7
· 乾酵母粉	8
· 老麵糰	50
· 蛋	50
· 冰水	220
· 奶油	40

裝飾麵皮	公克 (g)
· 高筋麵粉	200
· 低筋麵粉	20
· 細砂糖	25
· 鹽	1
· 白油	68
· 冰水	140
· 可可粉	11
· 冰水	140

內餡	公克 (g)
· 紅豆餡	500
· 耐烤麻糬	200

卡士達餡	公克 (g)
· 卡士達粉	50
· 牛奶	150

作法 METHOD

成品數量：１１個

裝盤重量：１６５g

主麵糰製作

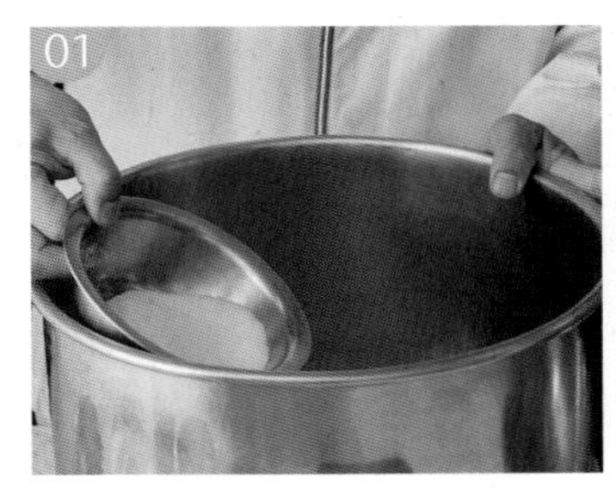

所有材料置入攪拌缸，用勾狀攪具攪拌

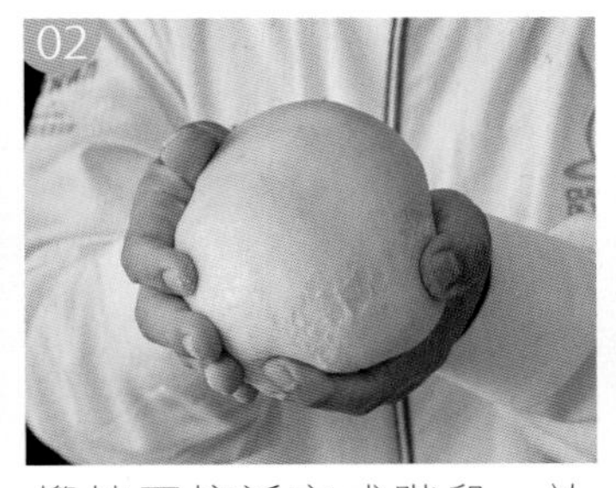

攪拌至接近完成階段，放進發酵箱基本發酵 60 分鐘

分割 85 公克後發酵 20 分

裝飾麵皮製作

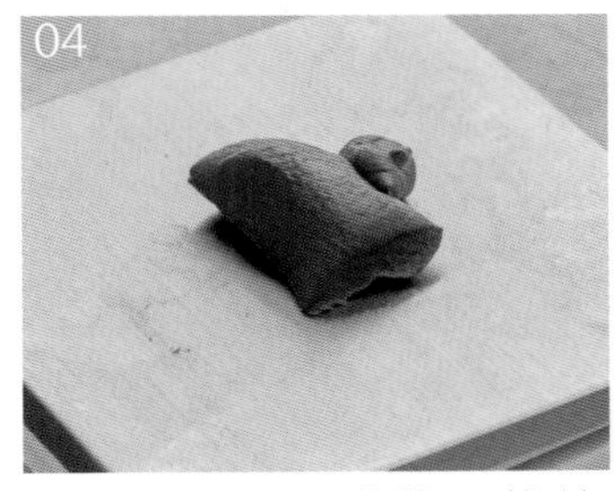

裝飾麵皮用勾狀攪具攪拌均勻後分割約 25 公克

擀捲開成 3 吋薄圓片放冷凍冰箱

卡士達餡製作

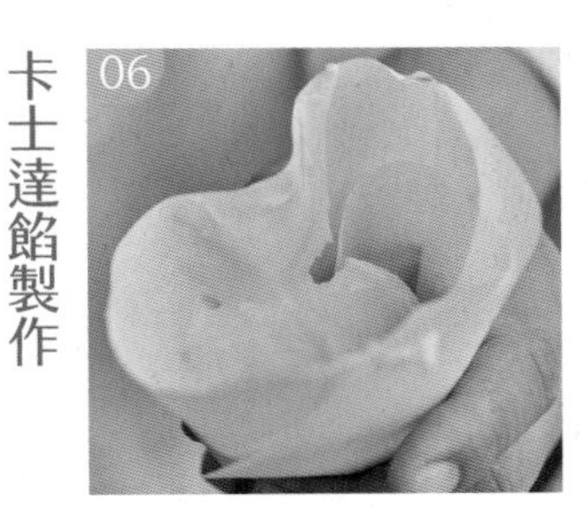

卡士達內餡材料混和均勻後裝入擠花袋

包餡

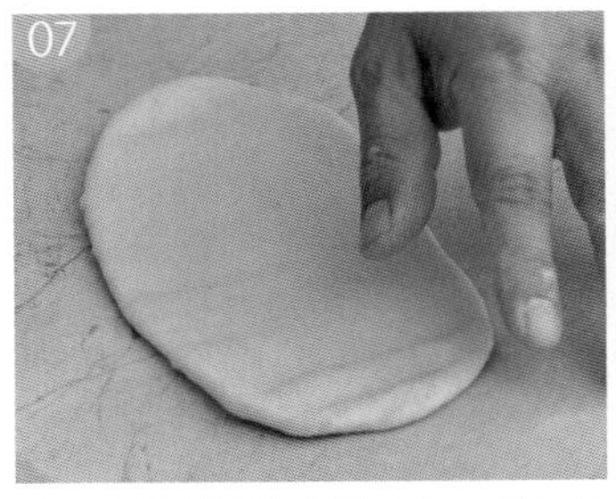

主麵糰發酵完取出，擀成長橢圓狀

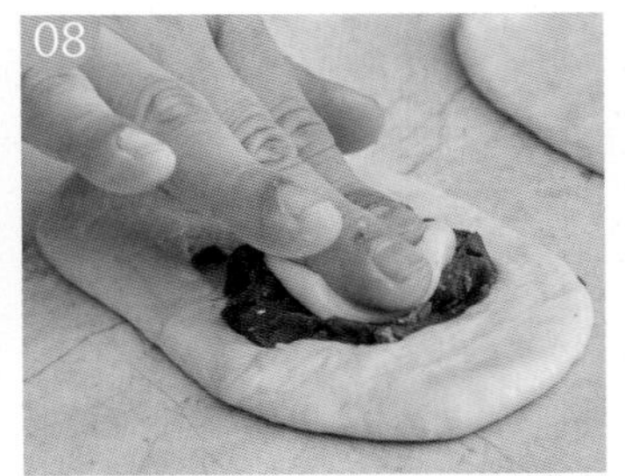

依序放入內餡

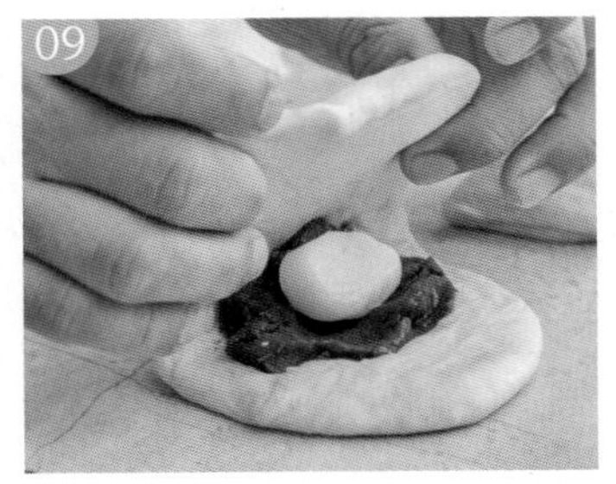

對折後再進行最後一次發酵，發酵 50 分

組合與烘烤

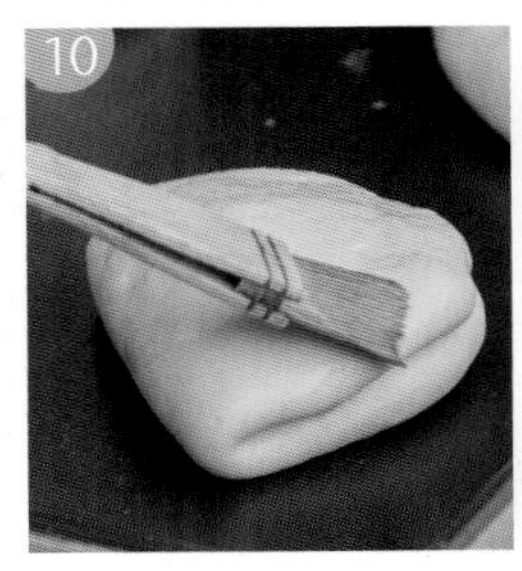

在表皮刷蛋液

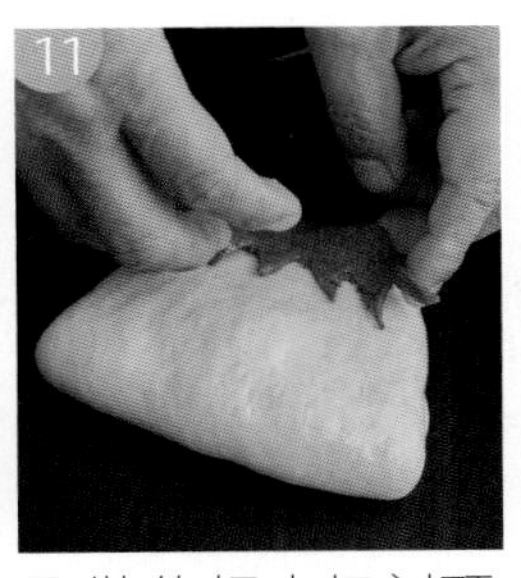

取裝飾麵皮切割頭髮後放上麵糰

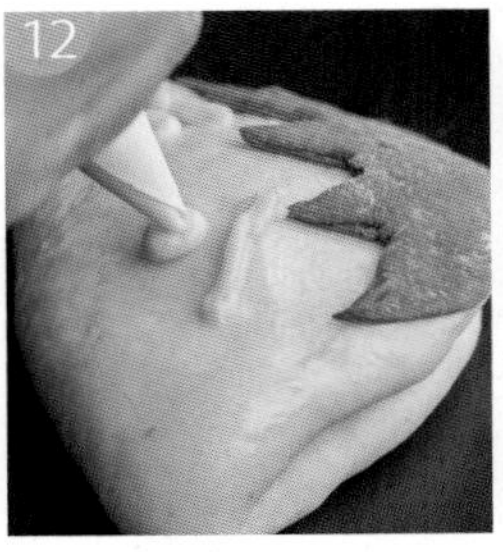

表面擠卡士達餡做眼睛，嘴巴，鼻子

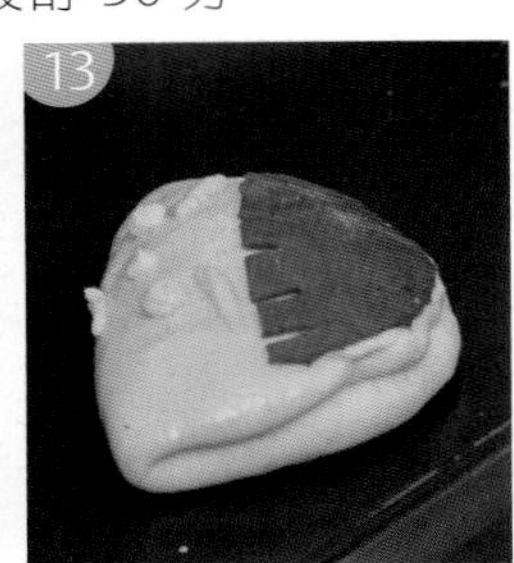

上火 190° C/ 下火 190° C 烤 20 分鐘

NO.24

核桃肉桂捲

– Walnut Cinnamon Rolls –

器具 Appliance

· 磅秤 · 西餐刀
· 切麵刀 · 烤盤
· 擀麵棍 · 毛刷

材料 Material

主麵糰	公克(g)
· 高筋麵粉	500
· 砂糖	55
· 鹽	8
· 酵母	7
· 老麵	100
· 全蛋	100
· 冰水	130
· 奶油	100

內餡	公克(g)
· 糖	233
· 發酵奶油	55
· 鹽	3
· 全蛋	67
· 冰水	7
· 1/8 碎粒核桃	80
· 食用肉桂粉	30
· 杏仁粉	45

烤前表皮裝飾	公克(g)
· 全蛋	兩個
· 細小珍珠糖粒	小包
· 1/8 碎粒核桃	200

核桃肉桂捲是一款風靡全世界的麵包，肉桂奶油餡香氣迷人，核桃果仁酥脆可口。麵包表面可多樣化呈現的裝飾，使用翻糖、白巧克力、珍珠糖粒或核桃粒。外型可做圈捲型或辮子狀，麵糰不能發酵過度，可適當添加低筋麵粉，才能使麵皮的口感更介於蛋糕跟麵包之間。

作法 METHOD

裝盤重量：90g

麵糰製作

01 將主麵糰材料攪拌

02 麵糰攪拌至擴展階段後放入鋼盆基本發酵 45 分

冷凍與塑型

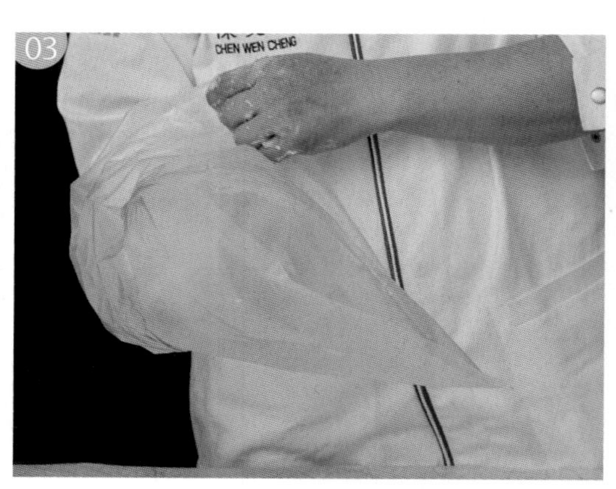

03 手壓扁麵糰放入塑膠袋或保鮮膜內，進冰箱冷凍冰 40 分

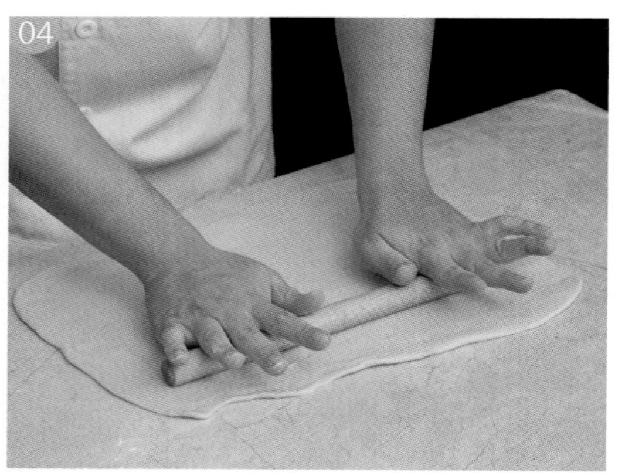

04 冰 40 分後，取出麵團壓延展開長方形橫條片狀

組合

05 將內餡混勻後依序鋪平在麵糰上

06 捲起後放冷凍冰存鬆弛 25 分鐘

切割

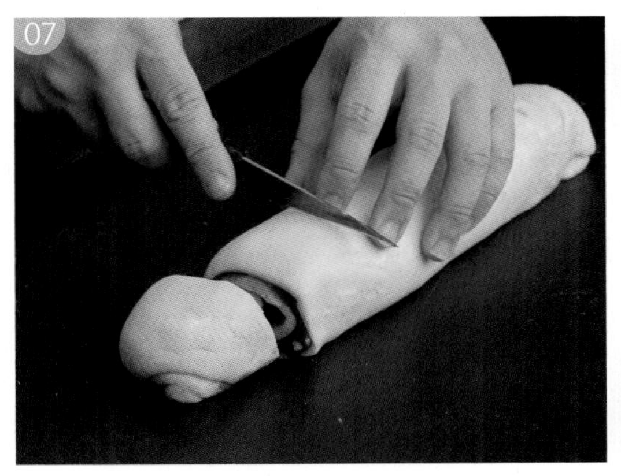

冰凍完取出，進行切割

切出要的重量等分

發酵

09

切割完成最後發酵 40 分

TIPS 重點小技巧

切割完成的麵糰可以直接放上烤盤進行烘烤，也可放入圓形框模內。放入圓形框模內烘烤可確保成品在烘烤過程中形狀可以維持而不塌陷，更加美觀！

烘烤

擦蛋水。全蛋與水的比例約為 5 比 3

灑珍珠糖粒跟核桃

上火 190° C/ 下火 210° C 烤約 25 分，烤後趁熱在表面擦奶油

NO.25

墨西哥莎莎餅

— Mexico Salsa Cheese Bread —

器具 Appliance

- 攪拌機具組
- 切麵刀
- 磅秤
- 毛刷
- 叉子
- 噴水壺
- 烤盤

材料 Material

主麵團	公克 (g)	調味	公克 (g)
· 高筋麵粉	275	· 帕馬森起士粉	一小罐
· 低筋麵粉	225	· 沙拉醬	兩小條包裝
· 糖	18	· 乳酪絲	半包
· 鹽	8	· 烤過白芝麻	50
· 即溶乾酵母	7	· 美式芥末醬	100
· 老麵糰	50	· 粗黑胡椒粒	適量
· 橄欖油	45	· 燻雞肉絲	1/3 包
· 鮮奶	60	· 泰式燒雞醬	1/2 包
· 冰水	220		

墨西哥薄餅的代表作，作法類似比薩，但麵皮很薄，配量很豐富，口味變化組合多元。
麵包剛出爐時麵皮香脆，很適合午晚餐主食或搭配啤酒飲料一起享用。

作法 METHOD

成品數量：2 個　|　裝盤重量：4 5 0g

麵糰製作

所有材料放置攪拌機

用槳狀攪具攪拌至接近完成階段，放進發酵箱基本發酵 60 分鐘

分割

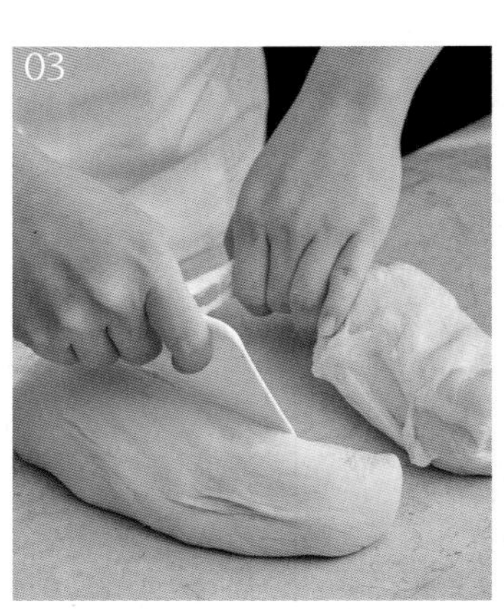

分割 465g 兩等份

折整為橢圓形狀

TIPS 重點小技巧

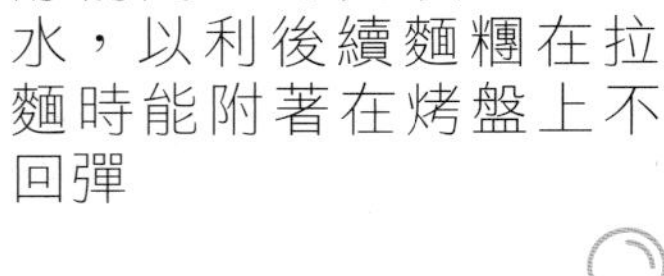

麵團分割好，折整為橢圓形狀後放入發酵箱，中間發酵 25 分鐘。在發酵前烤盤可先噴上一些水，以利後續麵糰在拉麵時能附著在烤盤上不回彈

拉麵皮

將麵糰分次拉出麵皮

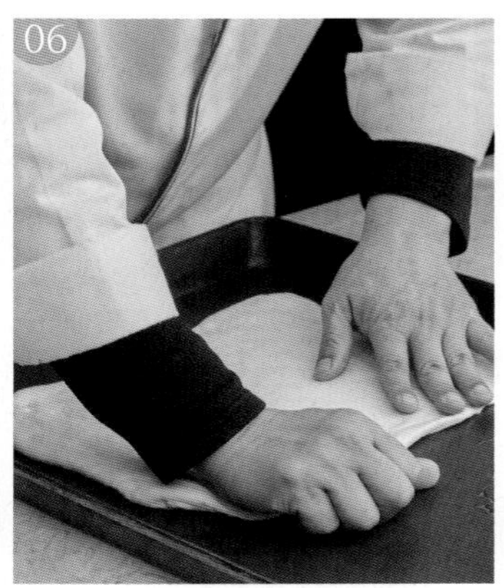

每片拉至半個烤盤四方大小

麵皮上戳孔，以利烘烤時散熱不易膨大

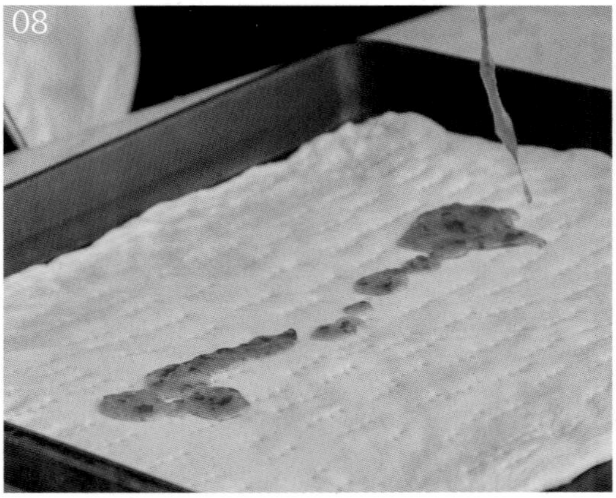

燒烤雞口味

烘烤與分割

將泰式燒雞醬在麵皮上抹開

撒上粗黑胡椒粒加燻雞肉絲

撒上比薩絲

沙拉醬擠線條

上火 200° C/ 下火 190° C，烤約 25 分鐘

出爐後用輪刀切割

NO.26

Japanese White Bread

日式白麵包

白色長條狀的低糖麵包主體，麵糰質地柔軟，搭配草莓內餡，甜而不膩。為了預防表皮水份蒸發，產生硬皮乾燥口感，建議製作完成時，要立即用玻璃紙包裝，提升麵包保存新鮮度。

器具 Appliance

· 擀麵棍
· 切麵刀
· 麵包鋸子刀
· 攪拌機具組

材料 Material

主體材料	公克 (g)
· 高筋麵粉	500
· 糖	28
· 鹽	8
· 奶粉	15
· 老麵糰	100
· 白油	45
· 新鮮酵母	23
· 水	300

內餡材料	公克 (g)
· 草莓果醬	300
· 蜂蜜	60

作法 METHOD

裝盤重量：９０g

攪拌

01 將除了白油外的所有材料放入，用勾狀攪具攪拌

02 再加入白油

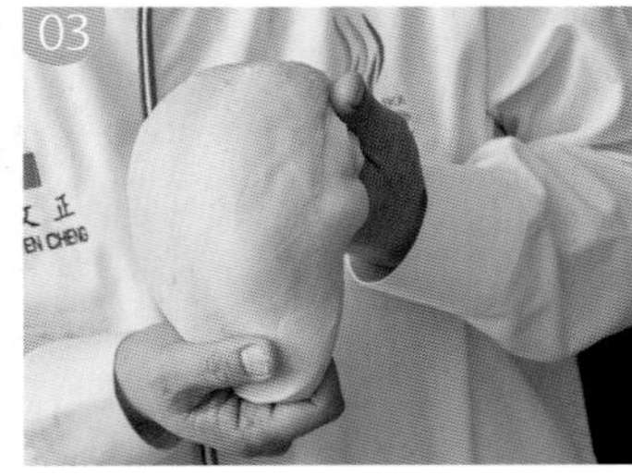

03 至接近完成階段後，放進發酵箱基本發酵 60 分鐘

整形

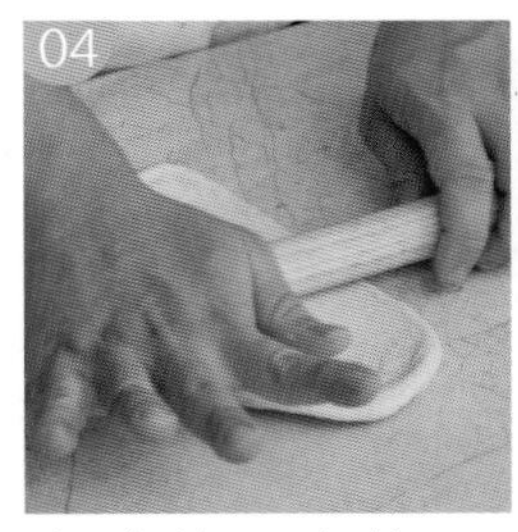

04 完成後取出約 90 公克壓延

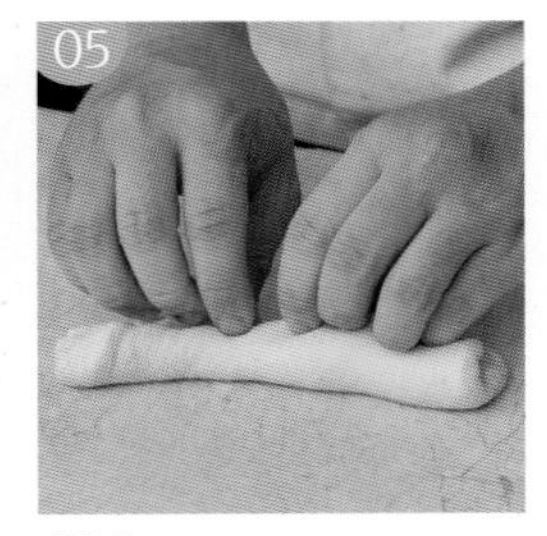

05 捲起

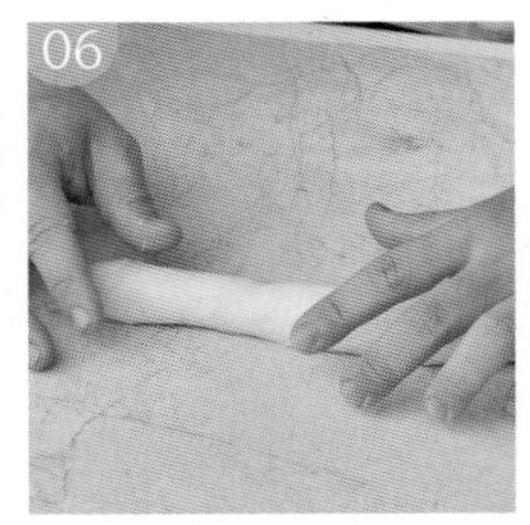

06 揉長

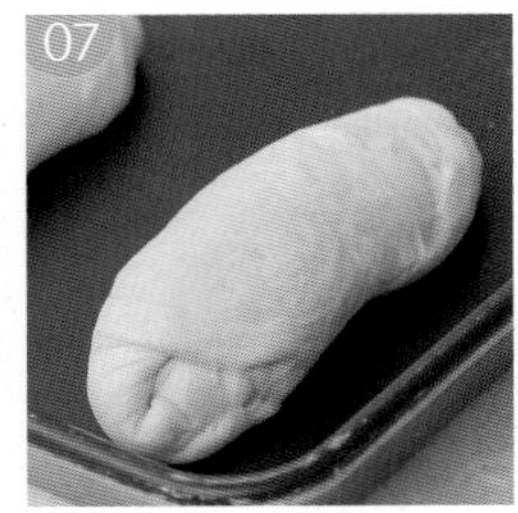

07 整成橢圓長狀平放烤盤上，放入發酵箱中間發酵 20 分鐘

內餡製作

08 草莓果醬加蜂蜜

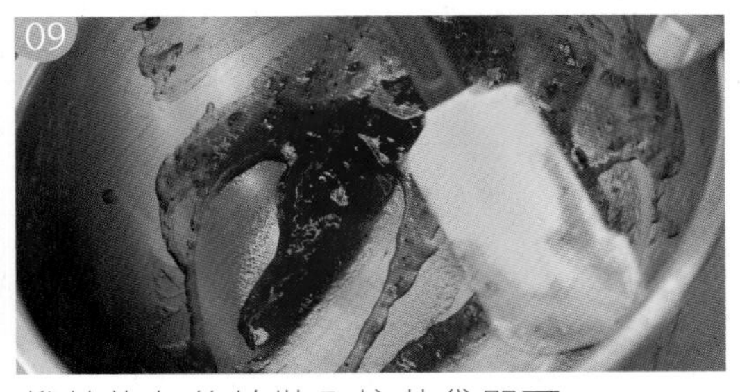

09 攪拌均勻後填裝入擠花袋即可

組合

10 麵糰上火 150° C/ 下火 160° C 烤 18~20 分，完成後出爐敲氣

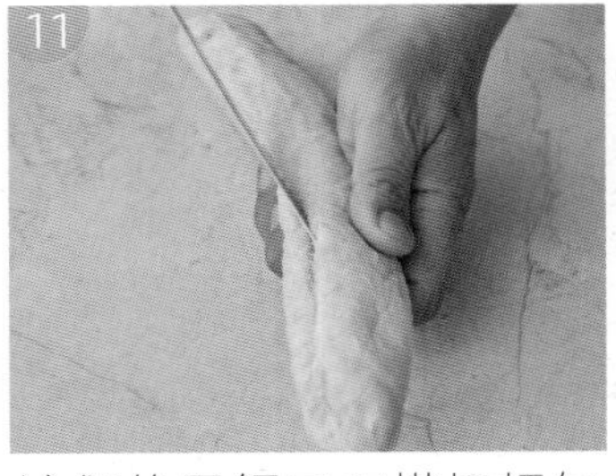

11 冷卻後用鋸子刀橫切麵包側邊

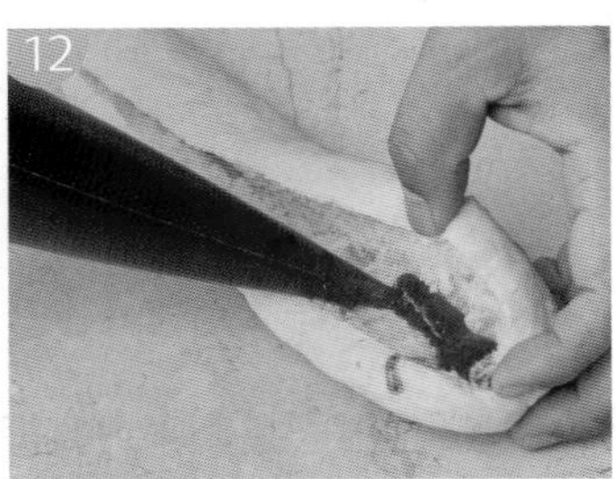

12 將餡料由側邊橫擠進麵包內

NO.27

法式馬卡龍南瓜麵包

French Macaroon Pumpkin Bread

器具 Appliance

- 磅秤
- 扁平口花嘴
- 擠花袋
- 削皮器
- 切麵刀
- 攪拌機具組

材料 Material/ 公克 (g)

主麵糰材料

材料	公克	材料	公克
高筋麵粉	1000	乾酵母粉	15
糖	150	南瓜泥	200
鹽	15	老麵糰	100
全蛋	200	冰水	150
奶油	80	奶粉	25

馬卡龍蛋白餅材料 (香橙口味)

材料	公克 (g)	烤前表面裝飾	公克 (g)
蛋白	100	防潮糖粉	80
白砂糖	50	杏仁片	適量
香橙皮屑	0.5		
杏仁粉	150		
糖粉	200		

南瓜其營養價值高，富含維他命 A 及 C 與纖維質，將南瓜蒸煮後攪拌成泥加入麵包內攪拌，麵包本體柔軟順口，加上表面覆蓋一層馬卡龍杏仁蛋白餅，香甜而不膩，更能在萬聖節的餐會上呈現！

作法 METHOD

裝盤重量：240g

預備

使用新鮮南瓜蒸煮熟打成泥冷藏備用

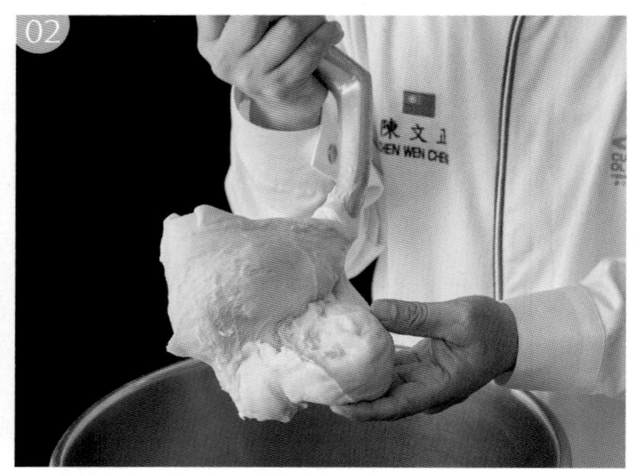

麵糰用勾狀攪具攪拌至光亮

加入奶油慢速 3 分鐘，再攪拌到接近完成

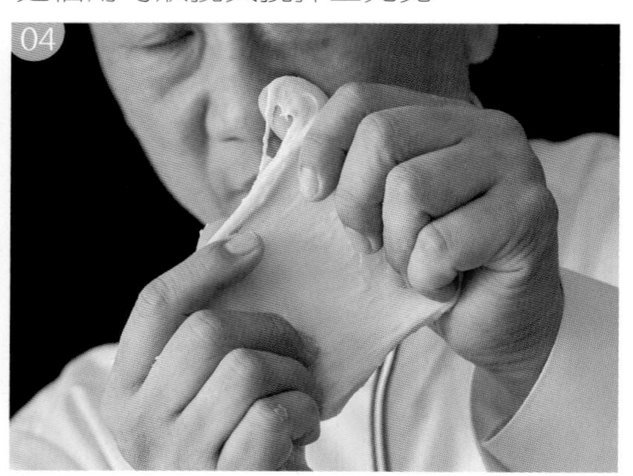

麵糰在攪拌缸集中，拌至薄膜狀態

發酵

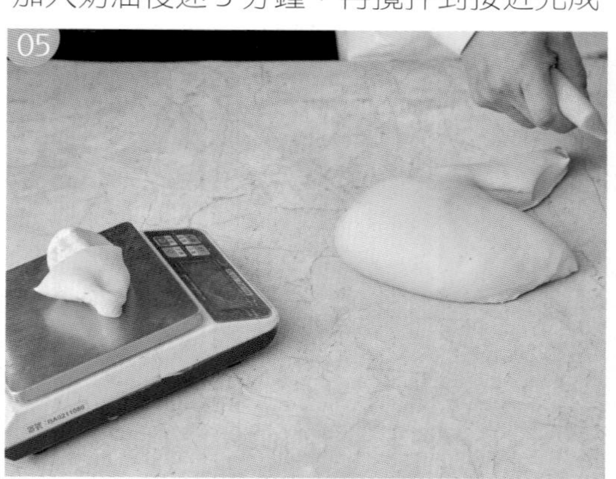

基本發酵 60 分鐘，分割成 80 公克

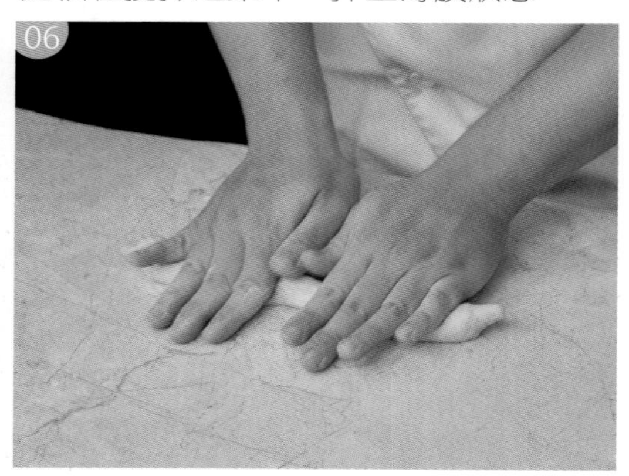

麵糰手搓成長條狀，進發酵箱中間發酵 20 分鐘

馬卡龍蛋白餅作法

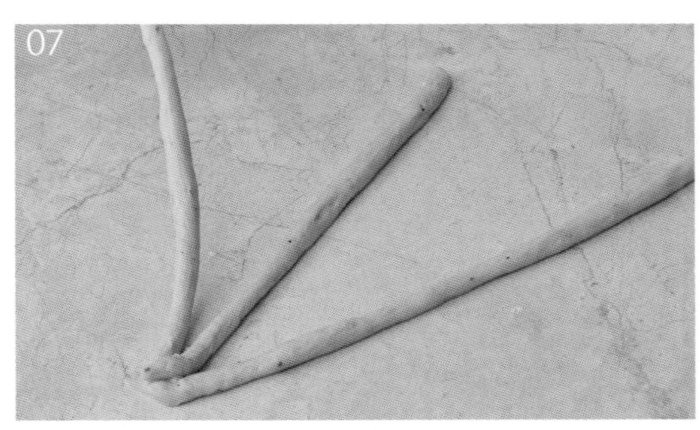
07 發酵完取出，使用三條編出交叉辮子型

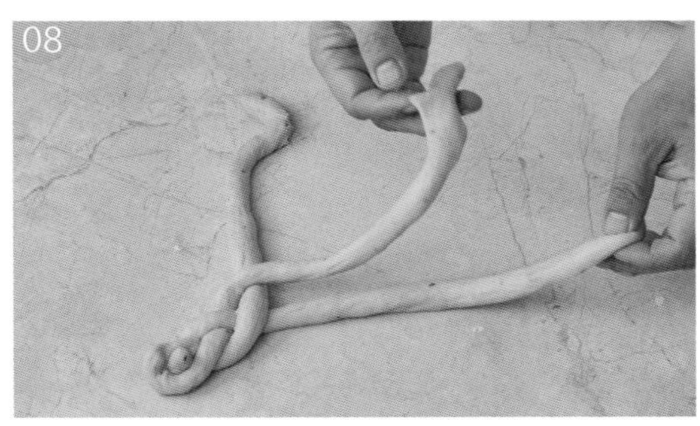
08 口訣為 13、31、13、31 完成後進發酵箱最後發酵 35 分鐘

09 將蛋白與白砂糖混和，用球狀攪具高速打發

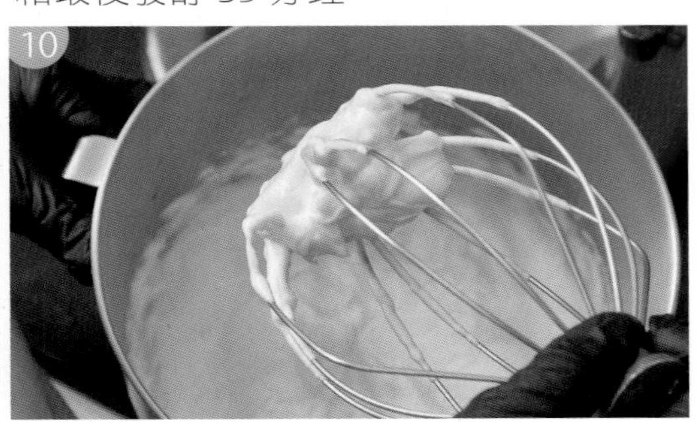
10 打發至乾性發泡

11 加入香橙皮屑、杏仁粉、糖粉一起攪拌均勻

12 完成後填入擠花袋

組合烘烤

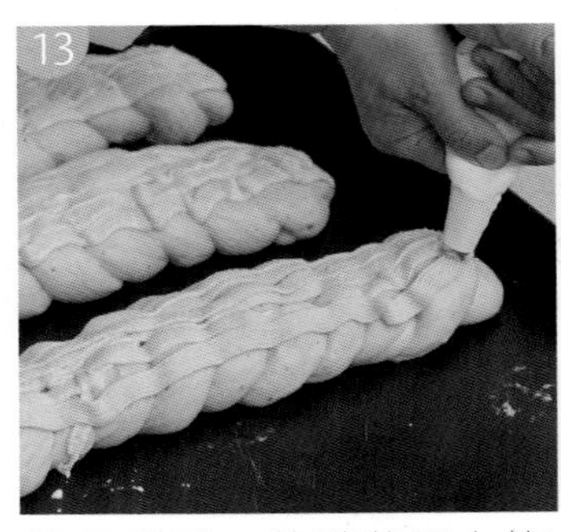
13 使用扁平口花嘴將馬卡龍蛋白餅擠到麵包上

14 表面灑杏仁片和防潮糖粉

15 上火 190° C/ 下火 180° C 烤 28 分鐘

NO.28

造型饅頭

-Styling steamed buns-

材料 Material/ 公克 (g)

・鮮奶	105
・酵母	1.3
・細砂糖	20
・麵粉	200
・植物油	6
・泡打粉	1.3

食用色粉 Edible Pigment

紅 ・紅麴粉、胡蘿蔔紅色粉
黃 ・南瓜粉、梔子黃色粉
橘 ・甜菜根粉、紅加黃麵、梔子黃色粉
紫 ・甘藷紫色粉、梔子紫色粉、梔子紅色粉
綠 ・波菜粉、抹茶粉、梔子綠色粉
藍 ・蝶豆花、梔子花藍色粉
棕 ・巧克力粉、伯爵茶粉
灰 ・芝麻粉、竹炭粉、黑可可粉
黑 ・竹炭粉、黑炭可可粉

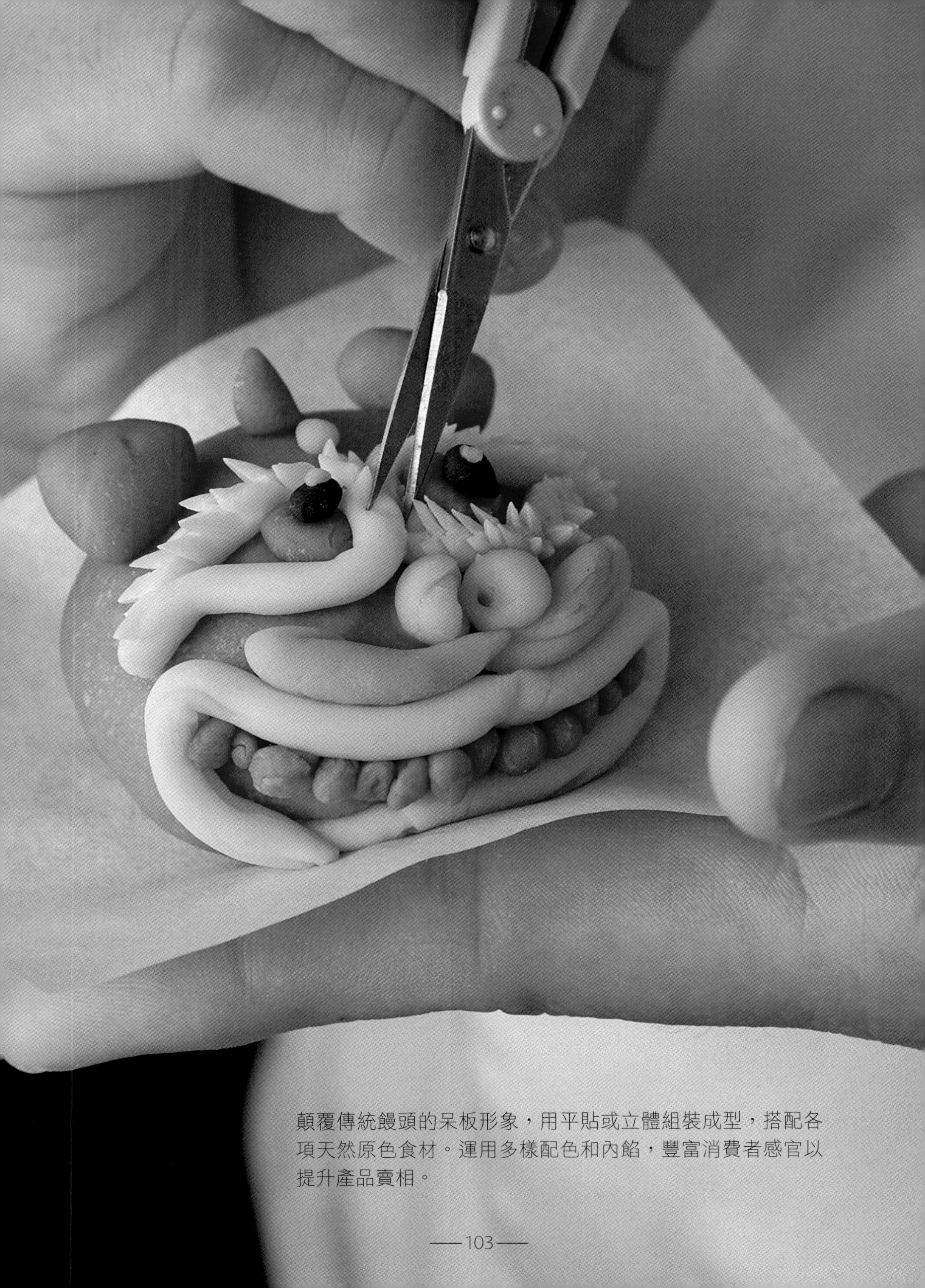

顛覆傳統饅頭的呆板形象，用平貼或立體組裝成型，搭配各項天然原色食材。運用多樣配色和內餡，豐富消費者感官以提升產品賣相。

作法 METHOD

成品數量：9 個

裝盤重量：3 5g

攪拌

鮮奶加入酵母、細砂糖備用

取麵粉倒入植物油、泡打粉、砂糖

將牛奶倒入混和

攪拌均勻

醒麵

攪拌均勻成糰

成糰後鬆弛醒麵 20 分

調色

分別搭配所需要使用到的天然色素

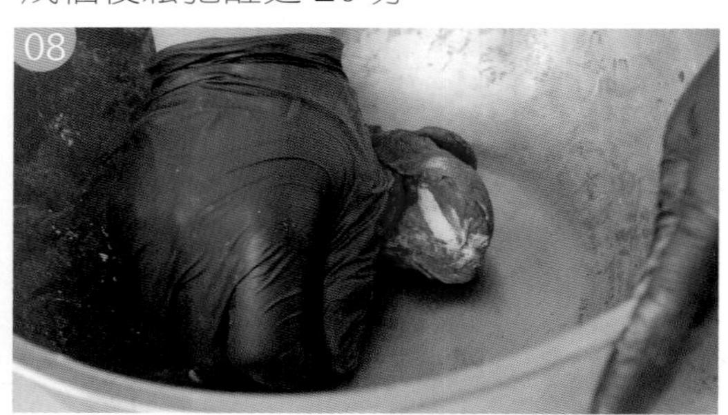

手揉壓麵，揉勻至光亮即可

分割

分別分割要製作的大小

預備好所需份量

粉紅豬饅頭製作

切割

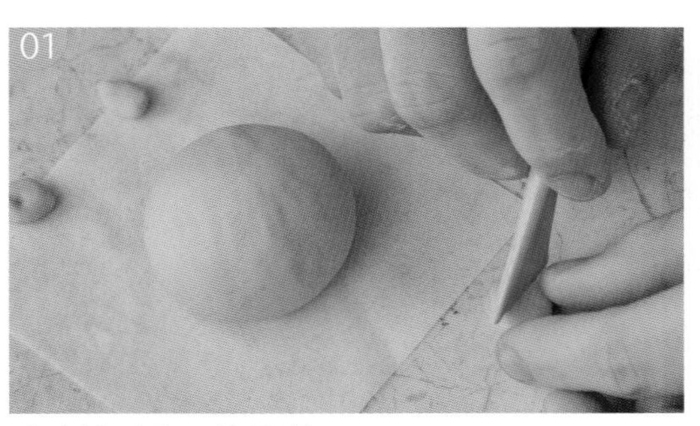

分割好需要的配件

主麵糰上抹水

組合

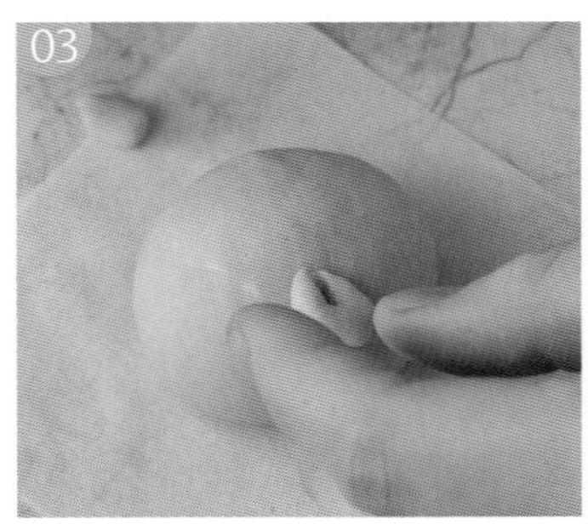

組合耳朵

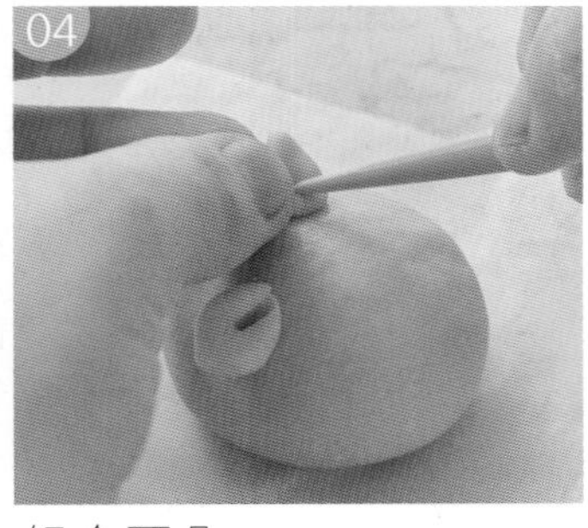

組合耳朵

黏上鼻子

黏上鼻子

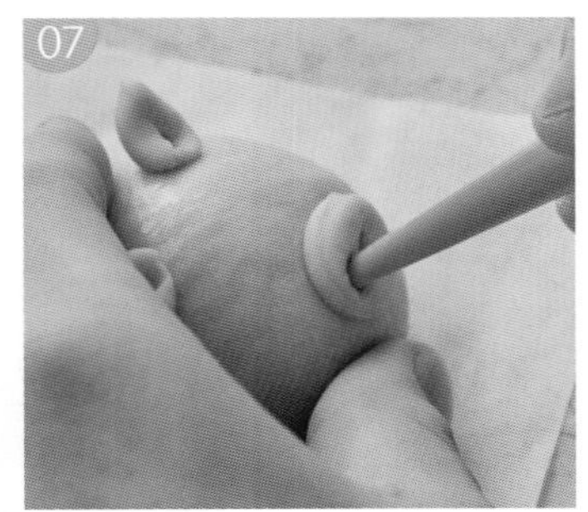

戳出造型

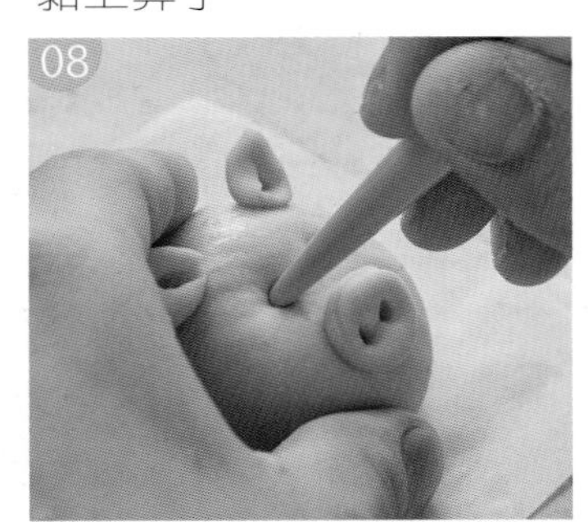

戳出眼睛

醒麵與蒸製

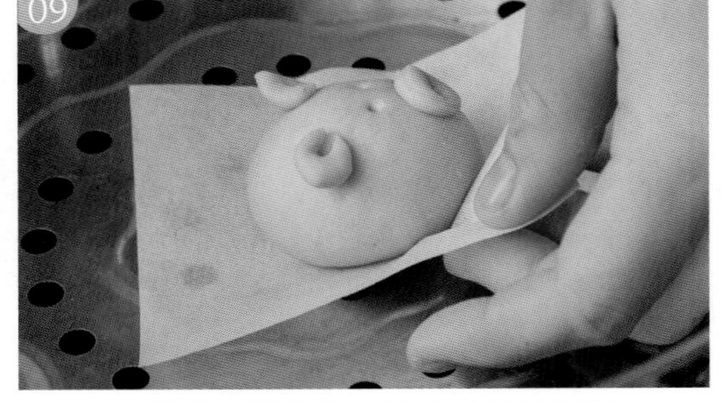

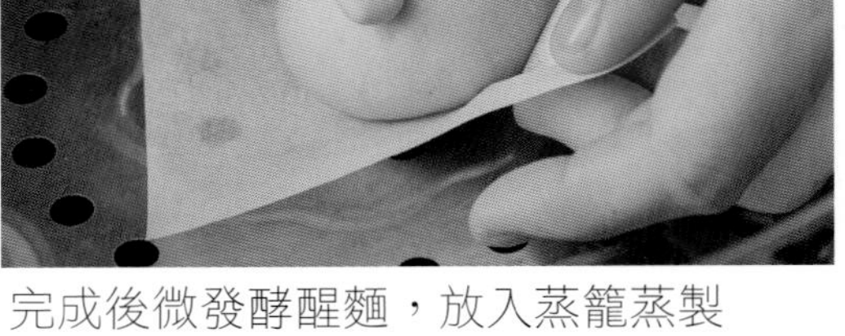

完成後微發酵醒麵，放入蒸籠蒸製

蒸製完成

作法 METHOD

醒獅製作

切割

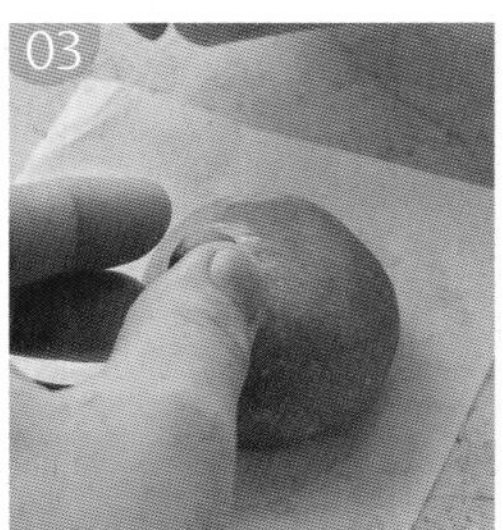

分割好需要的配件

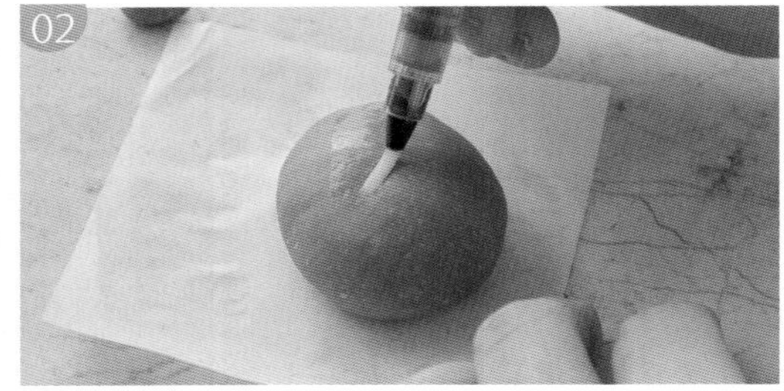

主麵糰抹水

組合

黏上耳朵

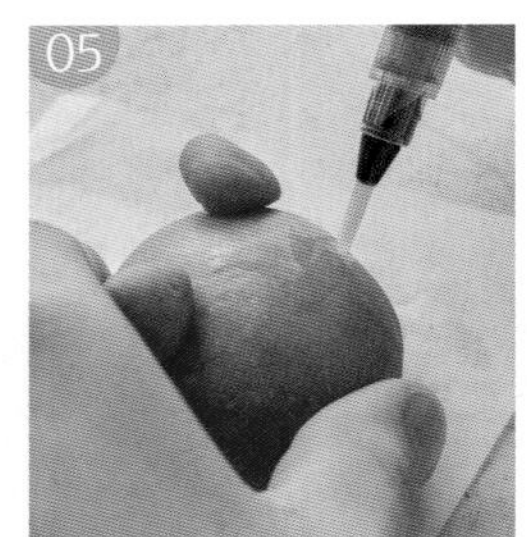

黏上耳朵

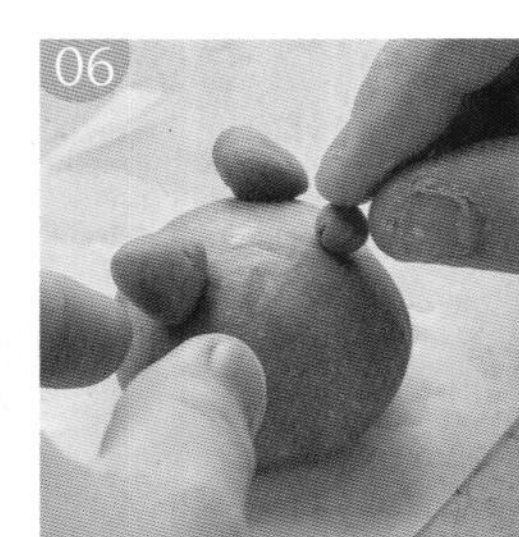

黏上眼睛

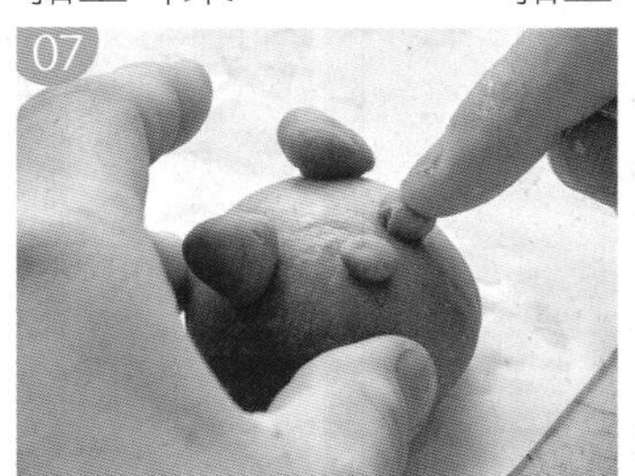

黏上眼睛

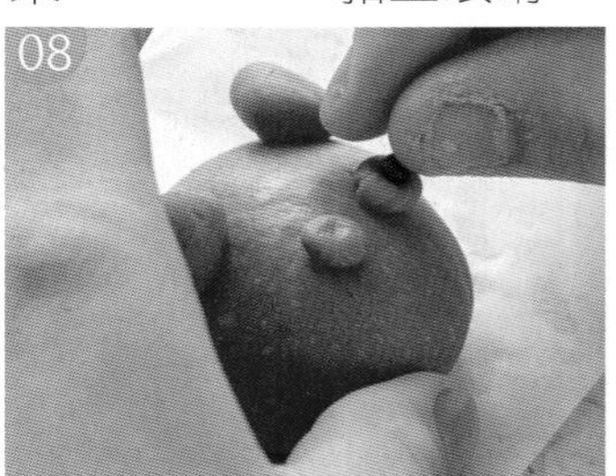

壓造型

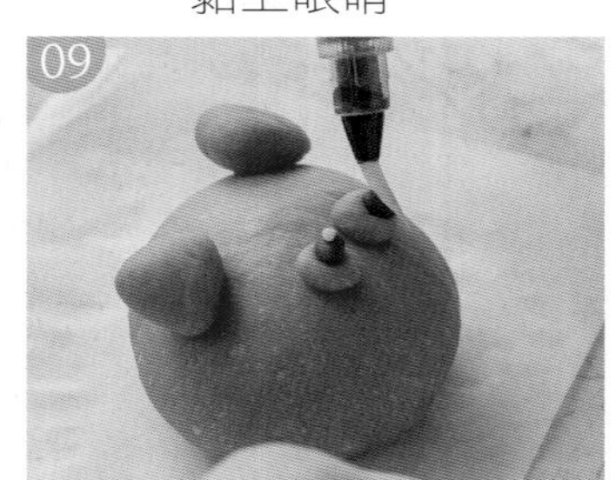

黏上眼睛細節

黏上眼睛細節

10 黏上鼻子

11 戳出造型

12 黏上鬍鬚

13 黏上頭飾

14 黏上頭飾

15 眼睛外觀裝飾

16 眼睛外觀裝飾

17 黏上嘴巴

18 黏上嘴巴

19 依序黏上牙齒

20 依序黏上牙齒

剪切

21 眼睛外觀修剪

22 眼睛外觀修剪

23 鬍鬚外觀修剪

醒麵與蒸製

24 完成後微發酵醒麵

25 放入蒸籠

作法 METHOD

嫦娥製作

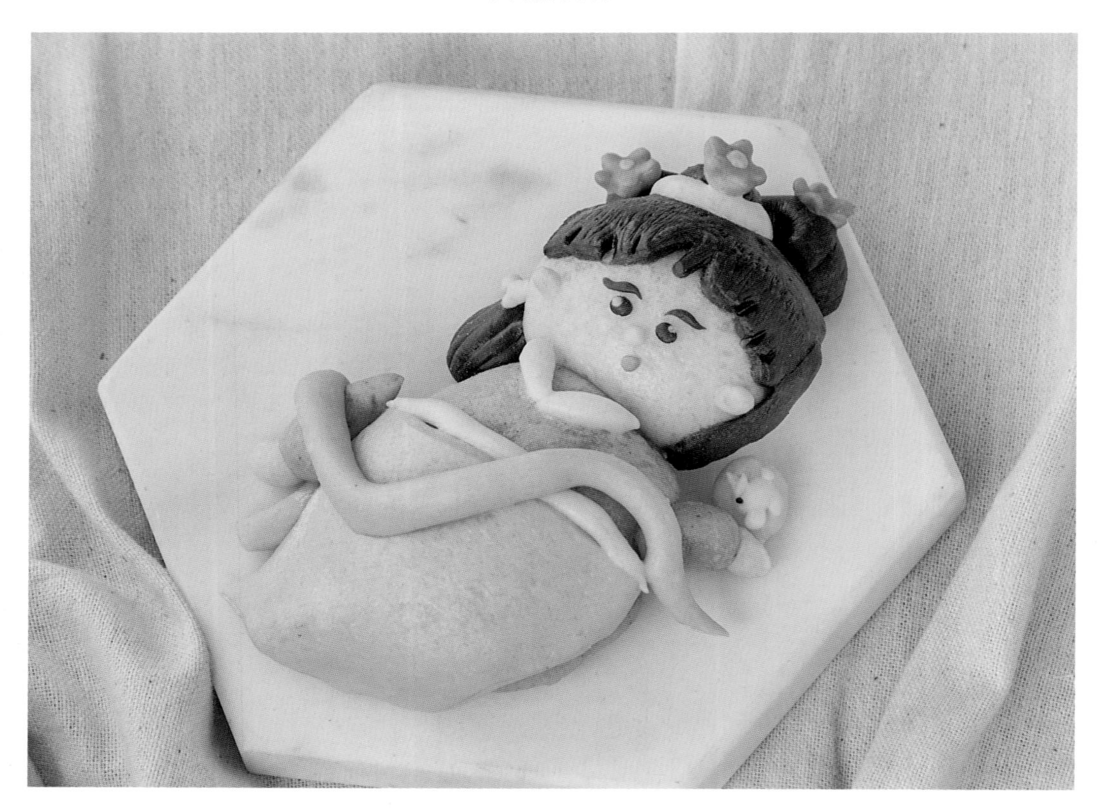

切割

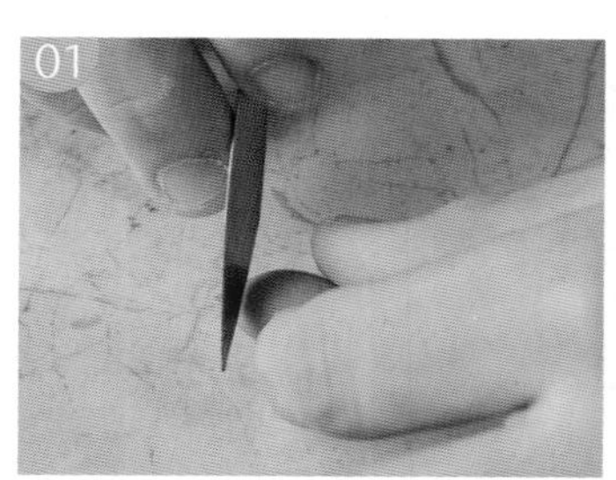
切割好需要的配件

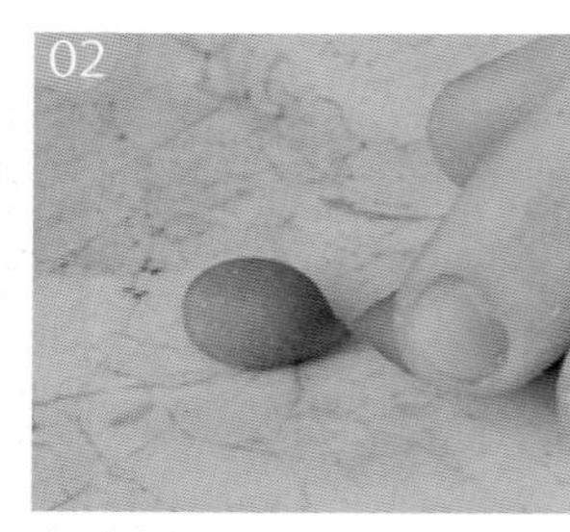
切割好需要的配件

切割好需要的配件

組合

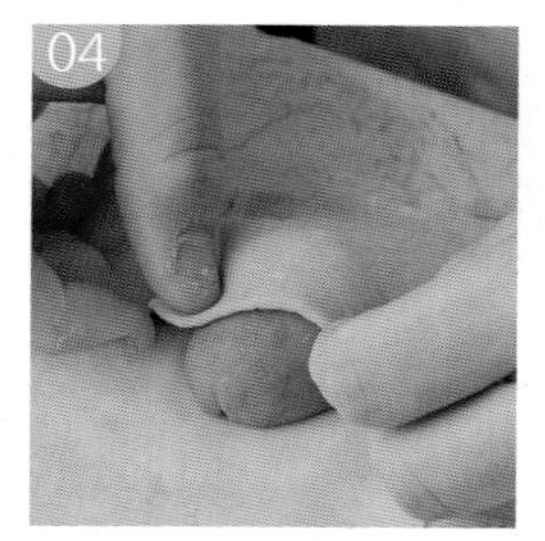
蓋上衣服

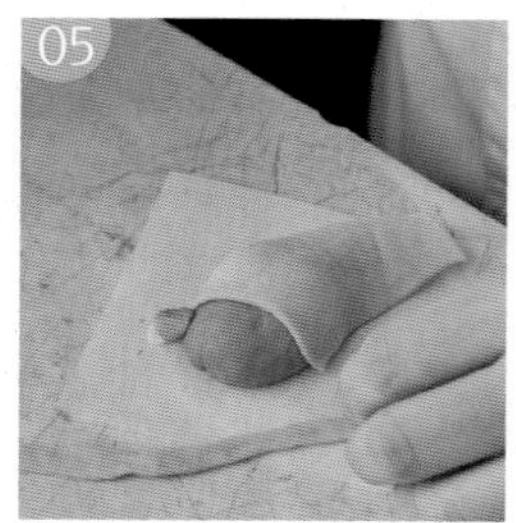
做出衣服配件

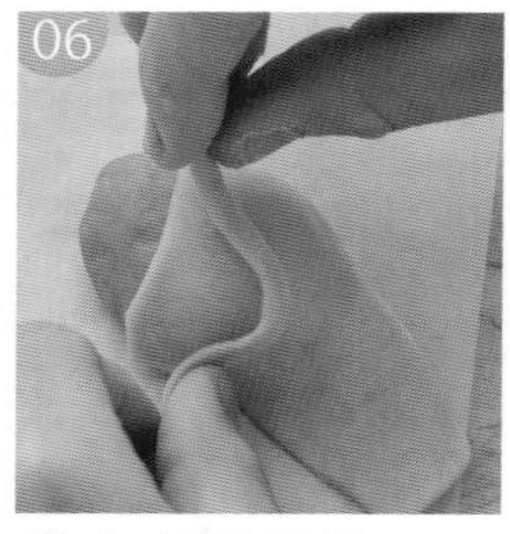
黏上衣服配件

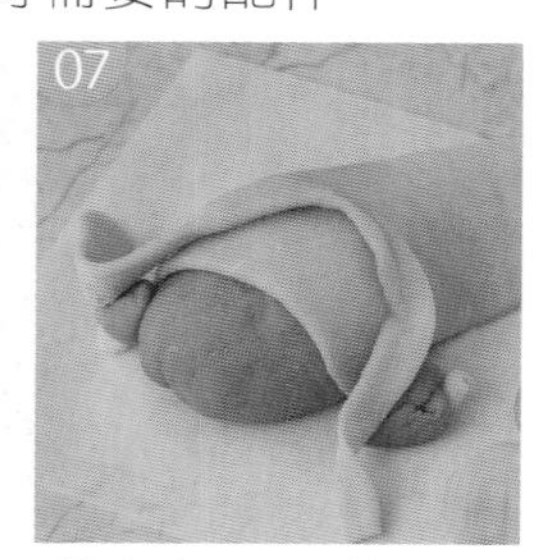
黏上衣服配件

08

黏上衣服配件

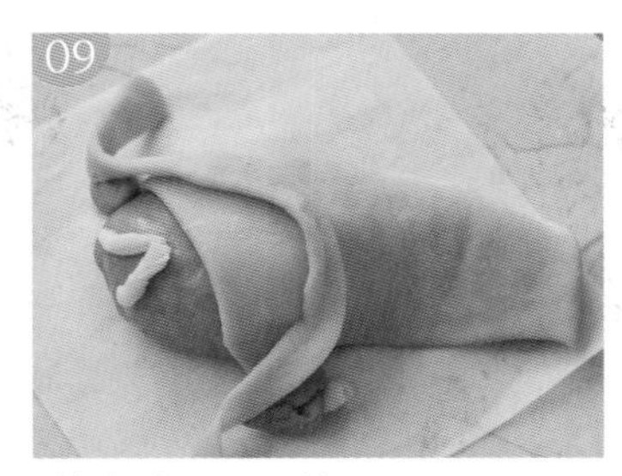

黏上衣服配件

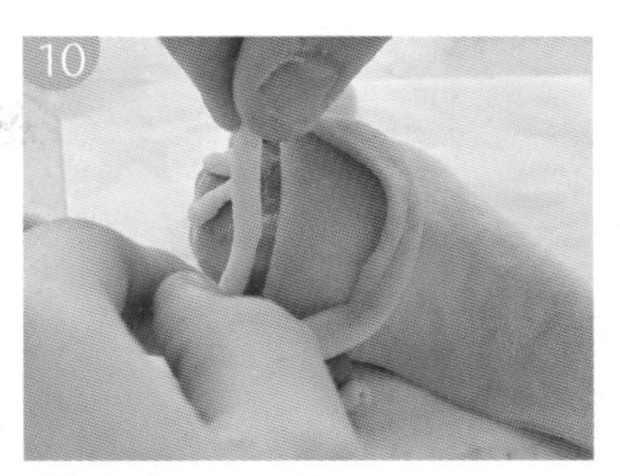

黏上衣服配件

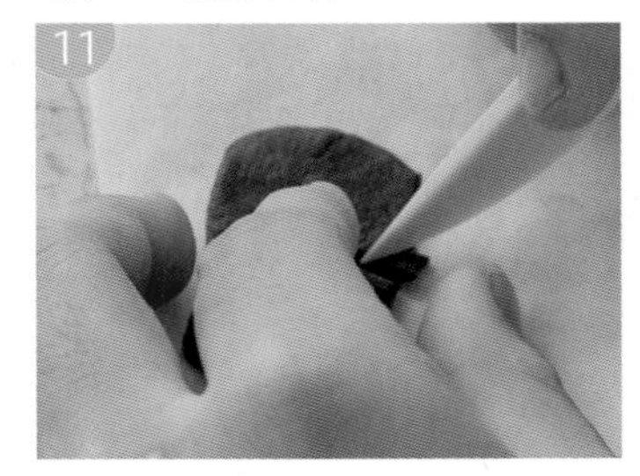

切割頭髮

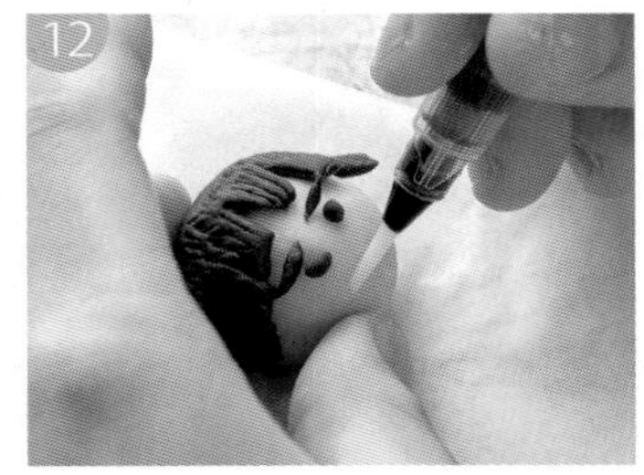

頭髮與頭部結合後，黏上眼睛與眉毛

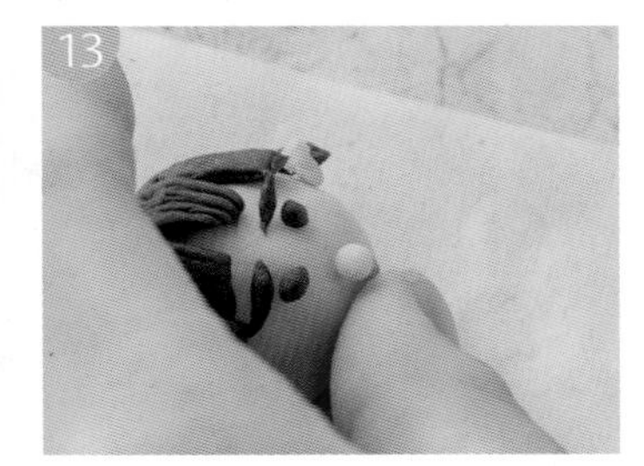

黏上鼻子與耳朵

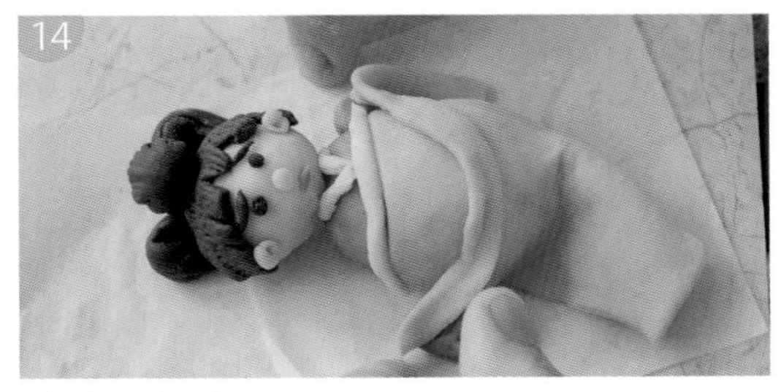

與身體組合

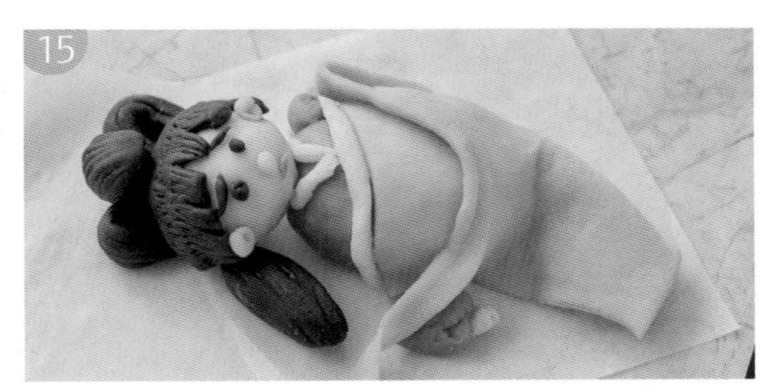

修整頭髮等細節

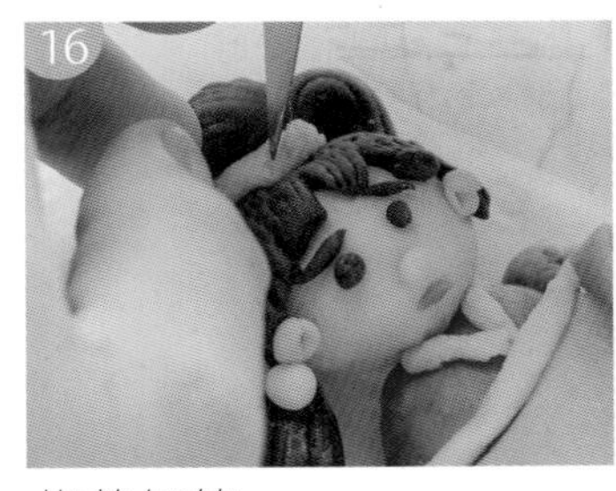

修整細節

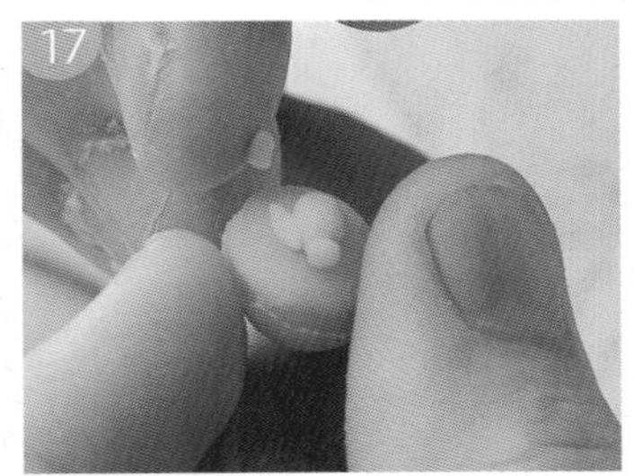

加上配件

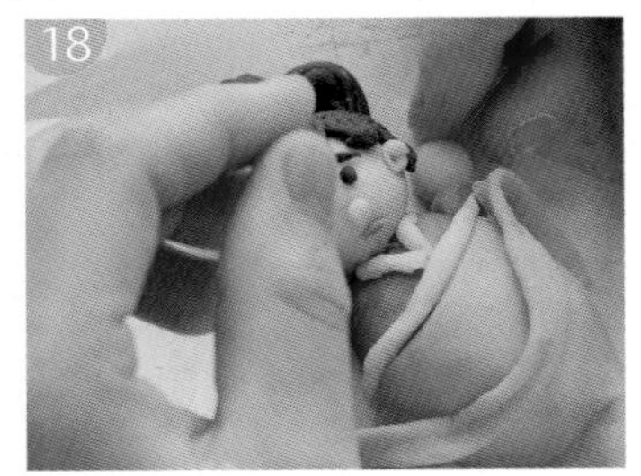

組合

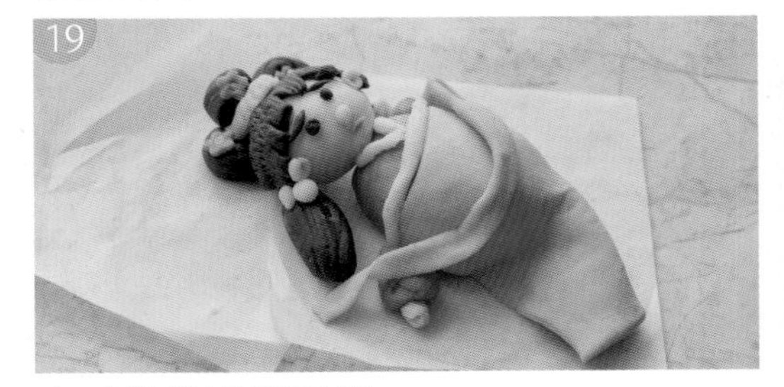

完成後微發酵醒麵

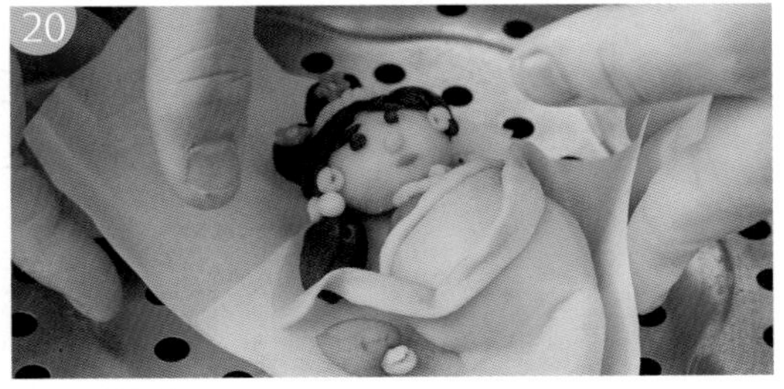

放入蒸籠

3

餅乾・流行風味塔

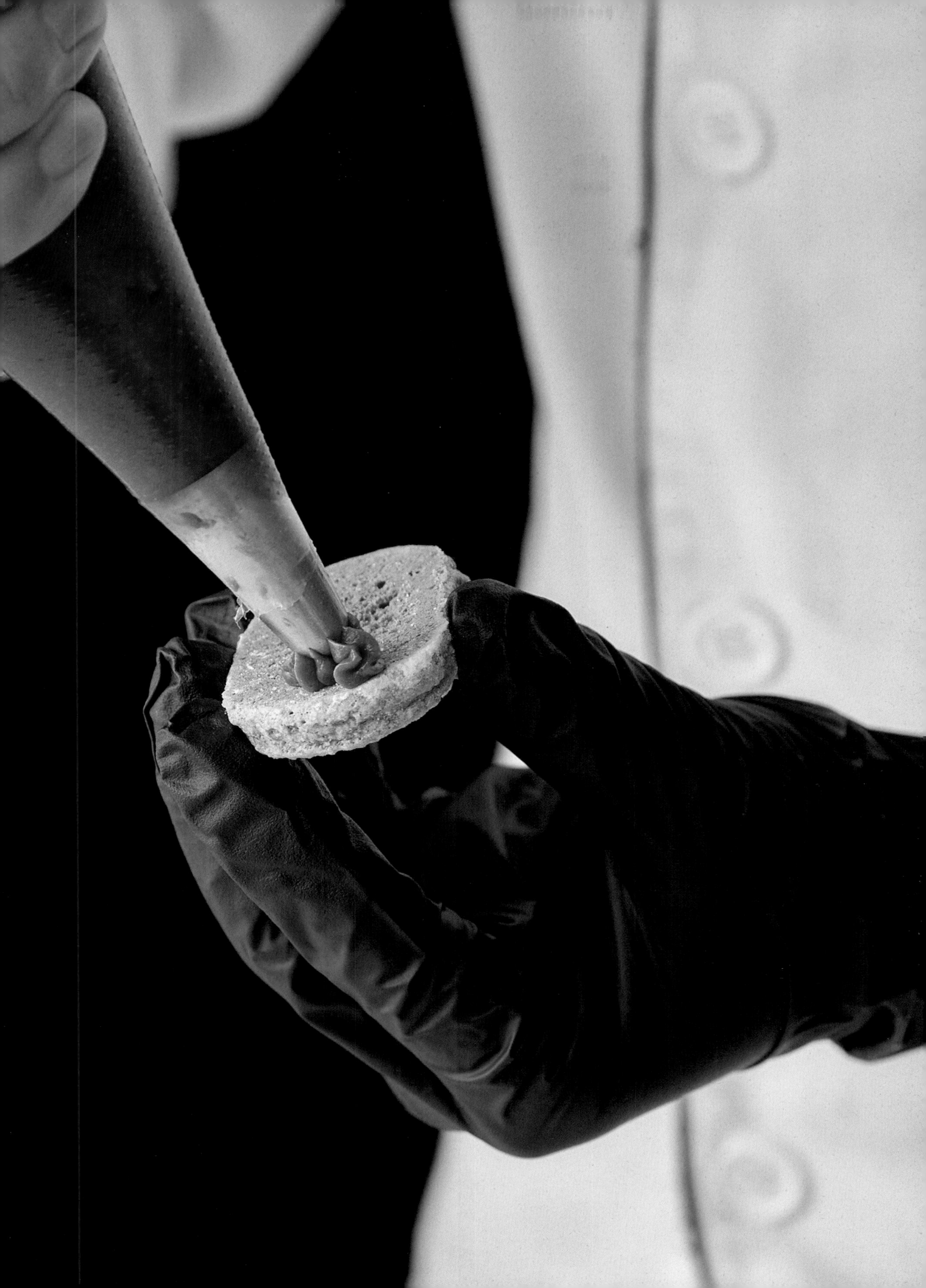

NO.29

Italian Almond Chocolate Candy Balls

義大利杏仁巧克力糖球

義大利杏仁巧克力糖球是一款常出現在飯店及咖啡連鎖店內的一款很簡單又樸實的餅乾。但其價格並不低廉，原料中會使用杏仁粉增加風味，餅乾在烘烤後膨脹，表面覆蓋一層龜裂的糖衣，酥鬆微粗粒口感，不甜膩的口味總是讓人一口接著一口呢！

器具 Appliance

- 烤盤
- 磅秤
- 切麵刀
- 鋼盆

材料 Material/ 公克 (g)

- 奶油 140
- 糖粉 125
- 蛋 120
- 泡打粉 25
- 低筋麵粉 80
- 高筋麵粉 170
- 杏仁粉 85
- 可可粉 50
- 糖粉（外表沾用）250

作法 METHOD

裝盤重量：20g

麵糰製作

01 將所有材料一起攪拌均勻

02 完成如圖

03 每個分割成 20 公克

裝飾

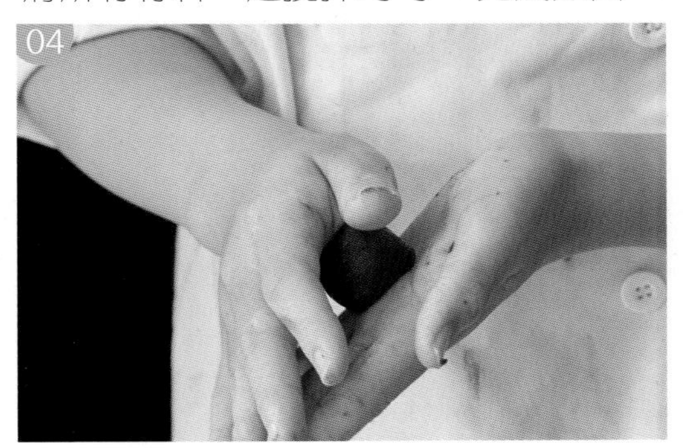

04 沾手粉將麵糰滾圓

05 丟入糖粉沾滿整球餅乾

烘烤

06 依序放置於烤盤

07 用指腹壓扁

08 上火 200° C/ 下火 180° C 烤 25 分

NO.30

佛羅倫斯杏仁餅乾

Firenze Shortbread

器具 Appliance

- 9 吋慕斯模具
- 10 吋慕斯底模盤
- 叉子
- 煮鍋
- 烤盤
- 磅秤
- 西餐刀
- 木杓
- 橡皮刮板
- 抹刀

材料 Material

餅皮	公克 (g)
低筋麵粉	160
糖粉	55
杏仁粉	35
無鹽奶油	75
雞蛋	50
香草精	2 滴
磨碎的檸檬皮	適量

焦糖牛軋糖	公克 (g)
無鹽奶油	80
砂糖	50
蜂蜜	38
烤過杏仁片	150
切半葡萄乾	50
蘭姆酒（浸泡葡萄乾用）	100

佛羅倫斯位於義大利，當地最具代表性的便是這款杏仁與焦糖一起結合的餅乾。當酥鬆餅皮結合香甜焦糖杏仁片，好吃且不甜膩，是在西式喜餅組合中最熱門搭配項目，和熱茶或咖啡一起享用更對味喔！

作法 METHOD

成品數量：2 個

裝盤重量：4 5 0g

餅皮麵團製作

將餅皮所有材料攪拌均匀

攪拌均匀如圖，放入冷凍冰箱 30 分鐘

餅皮塑型

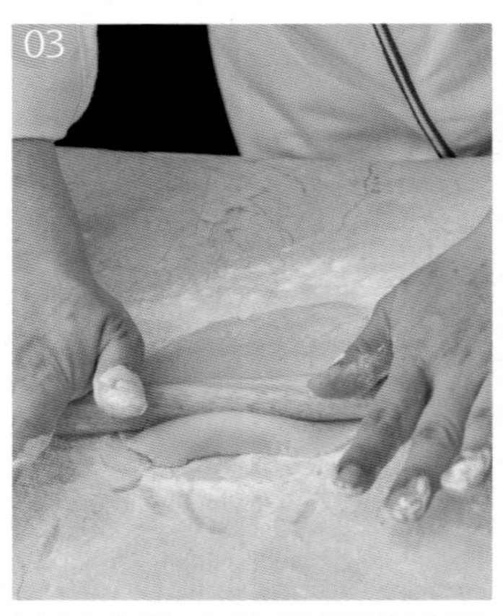

冰凍完取出將麵糰壓延開

使用 9 吋圓型壓模

壓出圓形

餅皮烘烤

表面用叉子戳孔

上火 190° C/ 下火 190° C 進烤箱烤 25 分鐘

焦糖牛軋糖製作

無鹽奶油加上砂糖加蜂蜜一起煮

煮至 141° C 呈現焦黃色

放入烤過杏仁片及葡萄乾攪拌均勻

組合

倒上已烤好的餅皮

將杏仁焦糖牛軋糖抹平

烘烤

放入烤箱上火 190° C/ 下火 190° C 烤五分鐘

出爐後趁糖溶解再抹平一次，完成

Cake cookies

蛋糕小西點

流傳市面已久的蛋糕小西點，又被稱作台式馬卡龍，當全蛋被打發至乾性發泡後，在短時間內高溫烘烤完成，兩個夾心蜂蜜奶油霜，搭配上熱咖啡或熱茶，表皮香甜，內裡鬆軟入口，讓人一口接一口，停不下來呢！

器具 Appliance

· 篩網
· 烘焙紙
· 烤盤
· 擠花袋
· 圓形花嘴
· 毛刷

材料 Material

主體材料	公克(g)
細砂糖	200
全蛋	200
蛋黃	100
低筋麵粉	255
香草精	2 滴

內餡（奶油霜）	公克(g)
無鹽奶油	350
糖粉	85
蜂蜜	65
沙拉油	15

裝飾	公克(g)
糖粉	450

作法 METHOD

成品數量：４２個

裝盤重量：３０g

奶油霜

無鹽奶油加糖粉

用槳狀攪具打到乾性發泡，外觀呈乳白色

最後加入蜂蜜及沙拉油調適當軟硬度，完成備用

麵糊

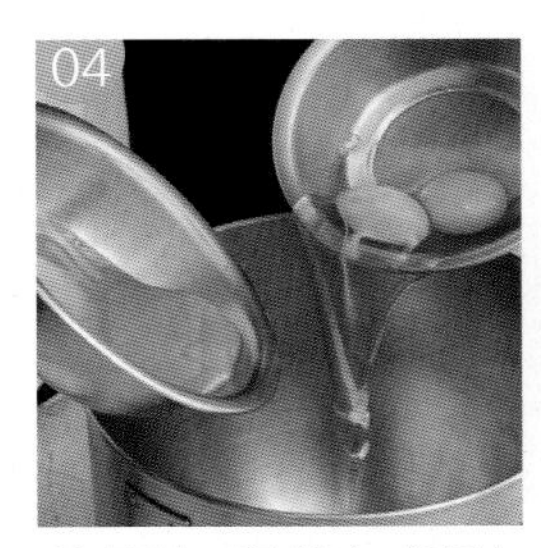

全蛋加蛋黃加細砂糖，用槳狀攪具打至乾性發泡

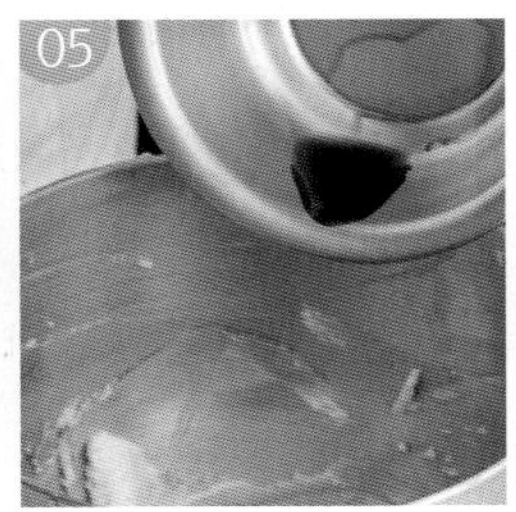

加入香草精

起缸倒入低筋麵粉手拌均勻

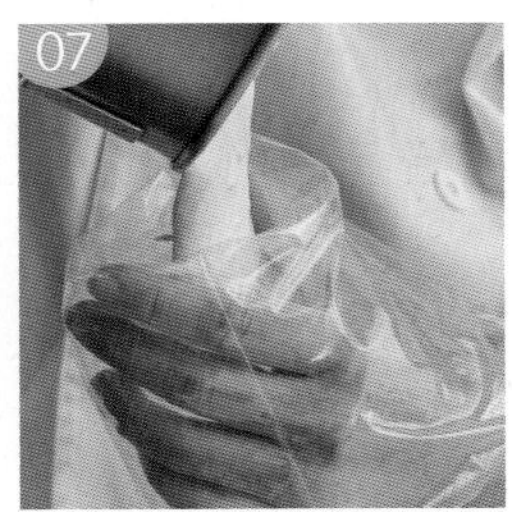

將打發麵糊填裝入已裝好圓形花嘴的擠花袋

烘烤

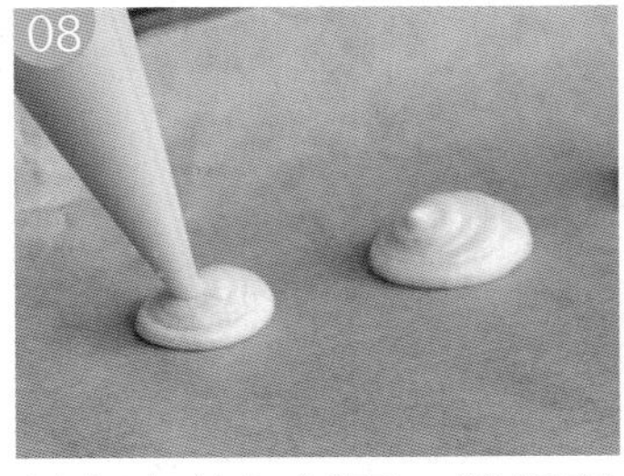

烤盤上放好紙張，將麵糊依序擠上烤盤

表面灑糖粉

上火 230° C/ 下火 140° C 烤約 7~8 分鐘

餅乾出爐後，將烘焙紙翻到背面，用毛刷擦水

翻回正面將蛋糕餅皮逐一脫落

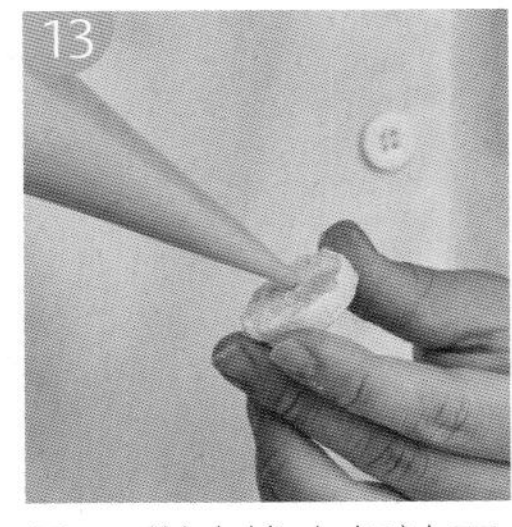

取一餅皮擠上奶油霜

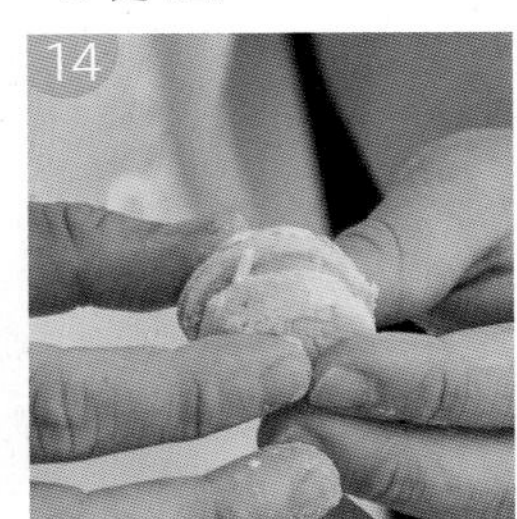

擠上奶油霜後夾合

NO.32

Sugar Cookies

糖霜造型餅乾

在最基本的餅乾配方上，壓上各式變化組合的平面與立體造型，糖霜可調成不同顏色，運用抹或擠壓線條來完成糖霜餅乾，呈現表面各種不同的人物及花草與風景。

器具 Appliance

- 桌上型攪拌機
- 壓模
- 擀麵棍
- 擠花袋
- 馬口碗
- 橡皮刮刀
- 塑膠袋
- 烤焙墊

材料 Material

餅乾材料	公克 (g)
無鹽奶油	111
糖粉	55
低筋麵粉	277
香草醬	2
全蛋	55

蛋白糖霜	公克 (g)
蛋白粉	9
糖粉	103
飲用水	16

作法 METHOD

成品數量：3 個

餅乾本體製作

糖油拌合法

01 奶油加糖粉用槳狀攪具拌均，拌到看不見糖粉變白

02 加入香草醬及全蛋

03 加入麵粉攪拌均勻

塑型

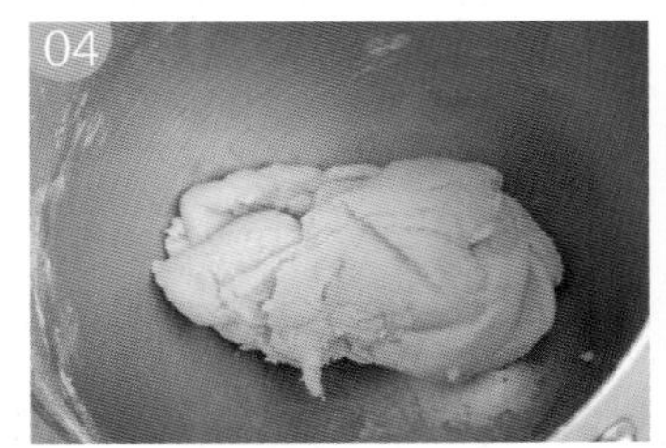

04 完成

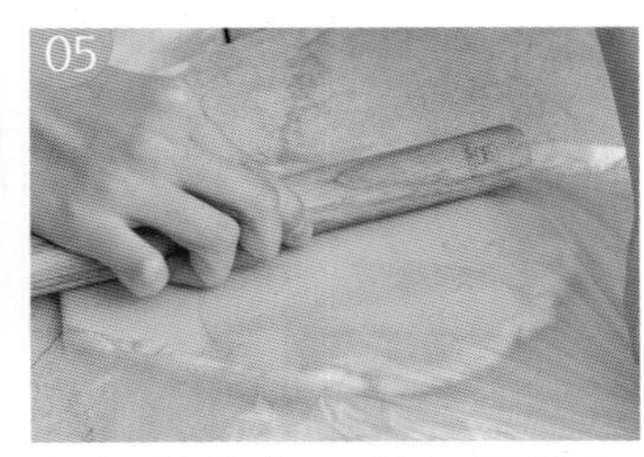

05 麵糰裝袋後取擀麵棍擀平

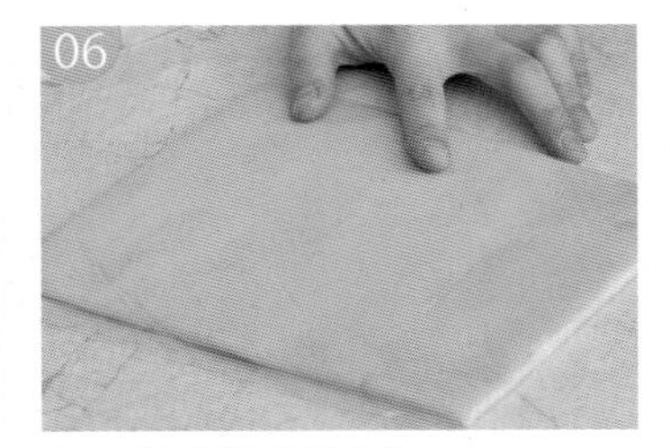

06 壓延到所需厚度

切割與烘烤

07 使用模具或刀具切割壓模，壓出需要的造型

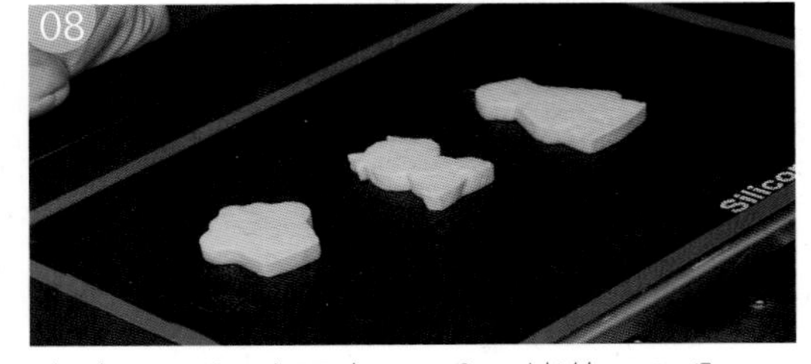

08 上火 190° C/ 下火 170° C 烤約 20 分

蛋白糖霜製作

混和

01 糖粉與蛋白粉過篩後混和，再加入飲用水打發。可調整水量來分別軟蛋白霜與硬蛋白霜

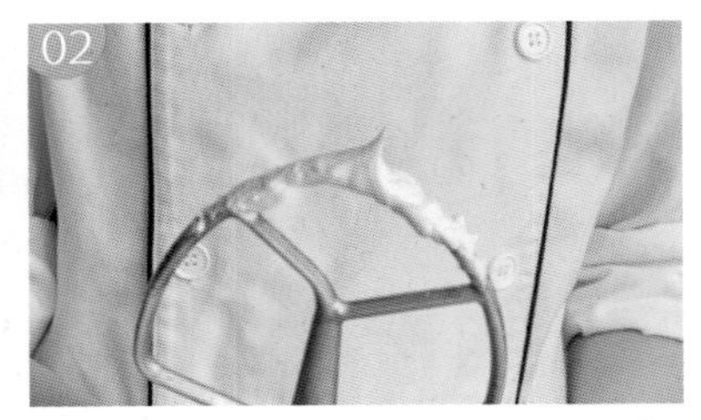

02 用槳狀攪具打發至拉起有尖端

TIPS 重點小技巧

加入水少糖霜偏硬，可做硬糖霜，用來打底或大面積裝飾。加入水多糖霜偏軟，可用來做細部裝飾。

作法 METHOD

染色

03 蛋白糖霜打發後使用食用色素分別染出所要的顏色

杯子蛋糕造型

打底

01 取綠蛋白霜畫出邊緣

02 用粉紅色蛋白霜畫出邊緣

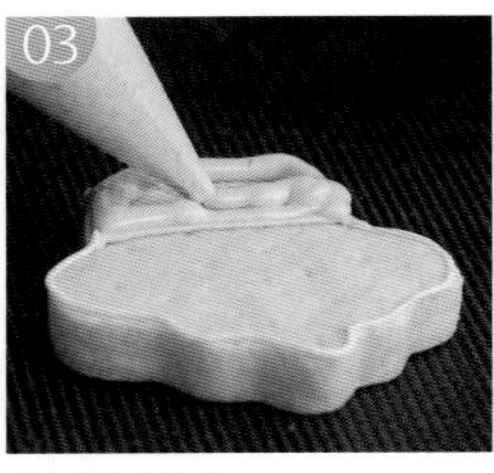

03 填滿綠色

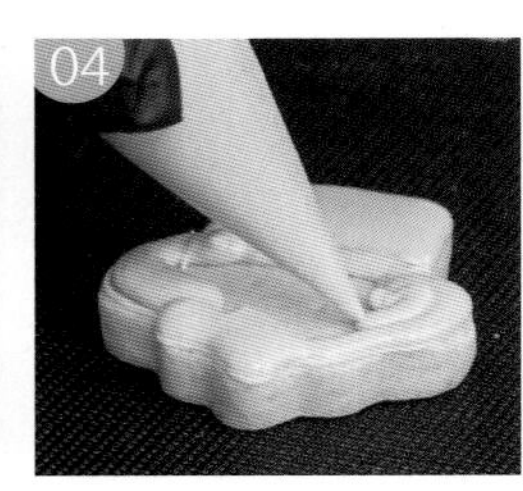

04 填滿粉紅色

造型

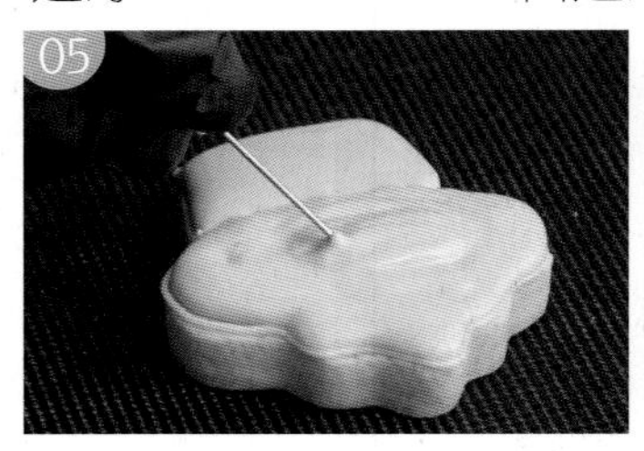

05 將表面抹平

06 取黑色糖霜點上眼睛與表情

07 取粉色糖霜做造型

完成

08 擠上裝飾線條

09 做出配件

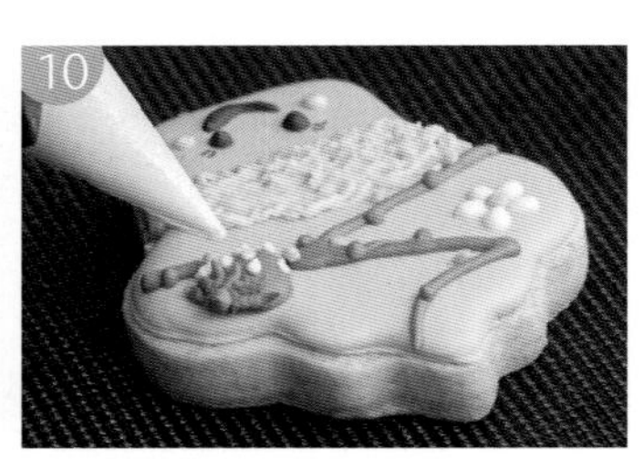

10 點綴完其餘裝飾即完成

乳牛造型

打底與造型

完成

取乳牛形狀餅乾與白色糖霜

依序擠上底色

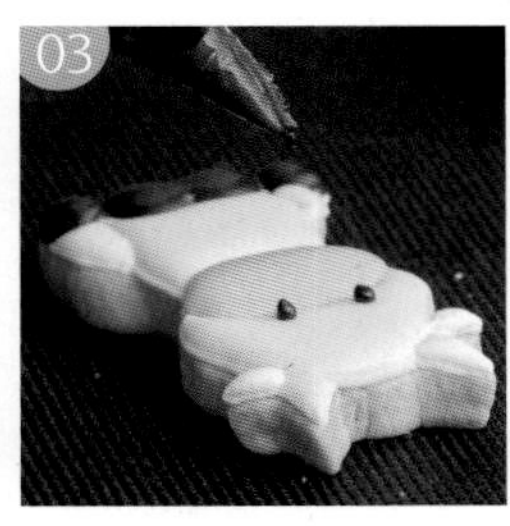

擠上眼睛

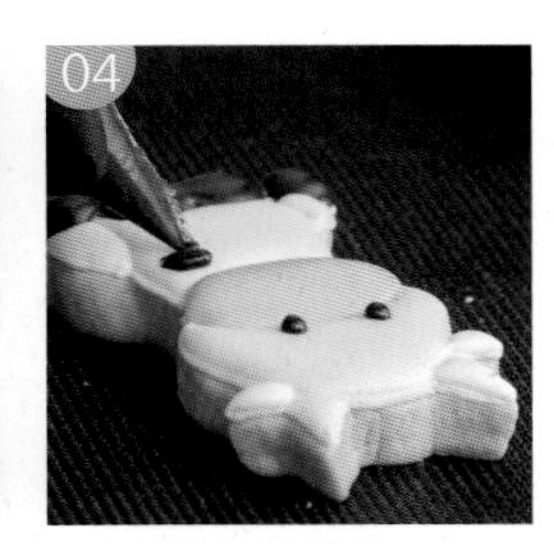

做出身體裝飾

點上斑紋

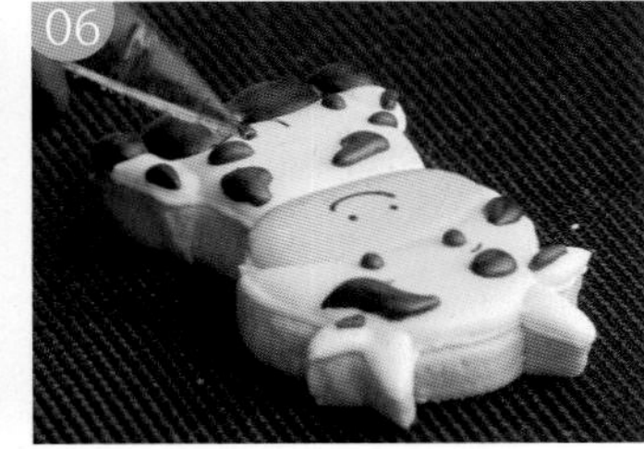

將身體斑紋依序點上

完成如圖

聖誕老人造型

打底與造型

完成

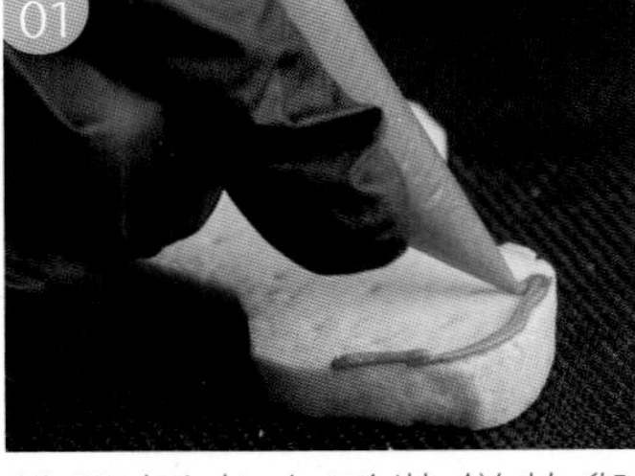

取聖誕老人形狀餅乾與紅色糖霜

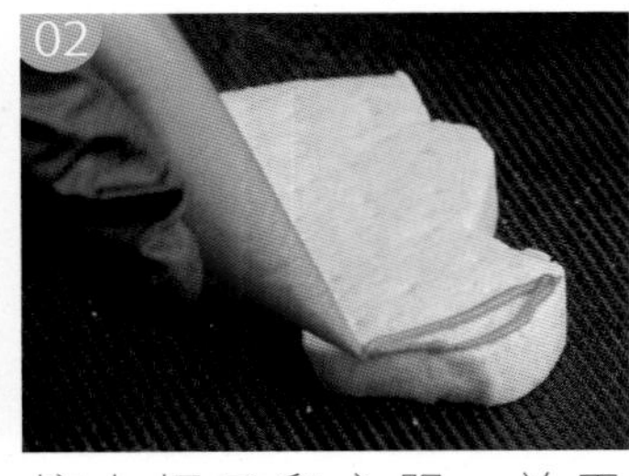

擠上帽子和衣服，並用白色糖霜進行修飾

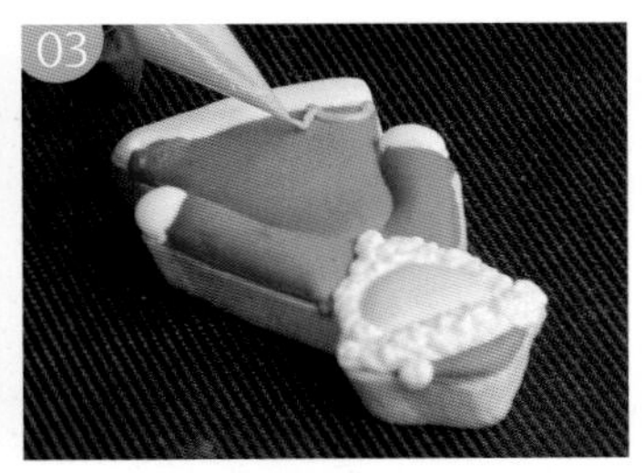

取黃色糖霜做衣服修飾

取黑色糖霜做出表情

點上嘴巴

用白色糖霜修飾鬍鬚

NO.33

Coconut cookies

椰子克馬蓉

這是款圓錐造型的椰子餅乾，可以吃出錐尖烤熟後淡淡的堅硬風味，皮肉中的椰子保留原始風味，製作過程中添加泡打粉以增加餅乾口感鬆軟特性，是款經典的椰子風味餅乾呢！

器具 Appliance

· 切麵刀
· 烤盤
· 磅秤
· 鋼盆

材料 Material/ 公克 (g)

· 低筋麵粉	150
· 高筋麵粉	35
· 泡打粉	3
· 椰子粉	145
· 無鹽奶油	120
· 鹽	1
· 砂糖	110
· 雞蛋	1 個
· 香草精	1 滴
· 奶粉	15
· 蛋黃	1 顆

作法 METHOD

裝盤重量：２０g

攪拌均勻

01 將所有材料混和

02 攪拌均勻

分割

03 攪拌均勻後取出，整形成可分割型態

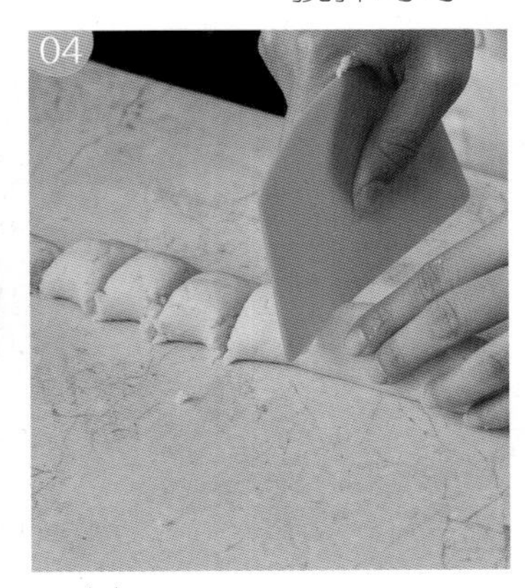

04 分割

05 每個均分成 20 公克

塑型與烘烤

06 再雙手搓成山峰形狀

07 平均放置烤盤上，上火 180° C/ 下火 160° C 烤約 24 分鐘

NO.34

Scallion cheese biscuits

香蔥乳酪餅乾

當台灣在地的宜蘭三星蔥與帕瑪森乳酪搭配，並添加黑胡椒微辣提味，是款相當入味的鹹味餅乾，顛覆市面上餅乾都是甜味的特色，香酥入口的鹹味餘存無窮，熱熱吃風味更佳！

器具 Appliance

· 切麵刀 · 鐵尺
· 西餐刀 · 烤盤
· 砧板 · 塑膠袋

材料 Material/ 公克 (g)

· 奶油	380	· 青蔥丁	90
· 糖粉	180	· 高粉	250
· 全蛋	100	· 低粉	380
· 鹽	4	· 奶粉	35
· 黑胡椒粒	4	· 帕瑪森起士粉	12
· 乳酪絲	110	· 動物鮮奶油	85

作法 METHOD

成品數量：3 7個

裝盤重量：4 3g

主麵糰製作

01 將麵粉混和後，築粉牆

02 將所有材料依序倒入

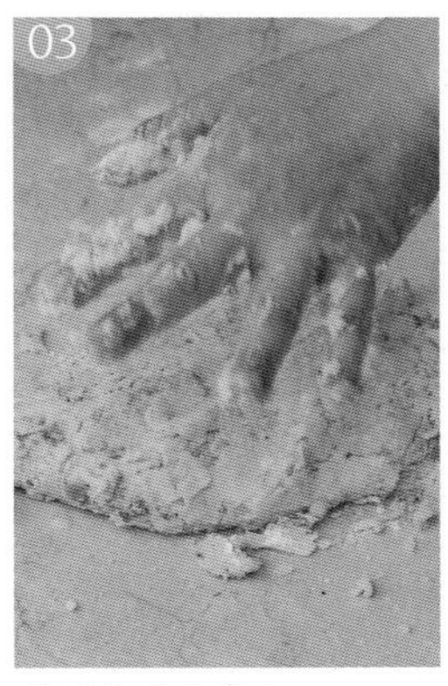
03 揉製成麵糰

04 完成如圖

冷藏

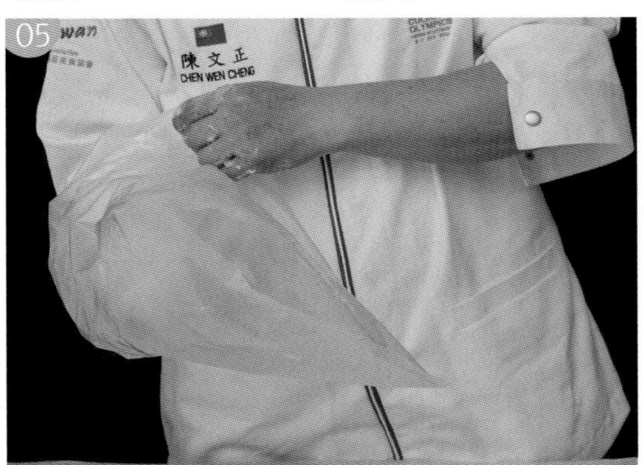

05 放入塑膠袋

06 壓製所要的長方形後，放入冷凍冰箱凍存3小時

切割與烘烤

07 從冰箱拿出，分切等份

08 切約0.3公分厚寬4.5公分，均分平放烤盤上

09 上火180°C/下火160°C約24分

NO.35

造型馬卡龍

Styling macarons

器具 Appliance

· 桌上型攪拌機
· 擠花袋
· 圓形花嘴
· 烤盤
· 烘焙用矽膠布
· 橡皮刮刀
· 鋼盆
· 篩網

材料 Material

主體材料	公克 (g)
· 杏仁粉	12
· 純糖粉	40
· 低筋麵粉	40
· 老蛋白	80
· 純糖粉	180
· 色膏（先加）	適量

抹茶內餡	公克 (g)
· 奶油乳酪	125
· 純糖粉	35
· 抹茶粉	6

據傳馬卡龍最早的製作是出現在義大利修道院，當時有位名叫 Carmelie 的修女為了找出替代葷食的點心，而製作這種由糖粉和杏仁粉製成的甜點。

而在現代，馬卡龍是法式時尚的代名詞，將最基礎的圓形造型，組合成各式造型變化，能更符合消費者的期待，提升消費購買意願。

作法 METHOD

成品數量：２０個

裝盤重量：２５g

馬卡龍麵糊製作

低筋麵粉與杏仁粉與少量純糖粉混和

一起過篩，完成備用

蛋白與純糖粉混和

打發到乾性發泡

先前預備好的低筋麵粉倒入打發好的蛋白攪拌均勻

馬卡龍麵糊調色

加入少量所要使用的色膏

攪拌均勻

拌至麵糊呈緞帶狀

馬卡龍塑型與烘烤

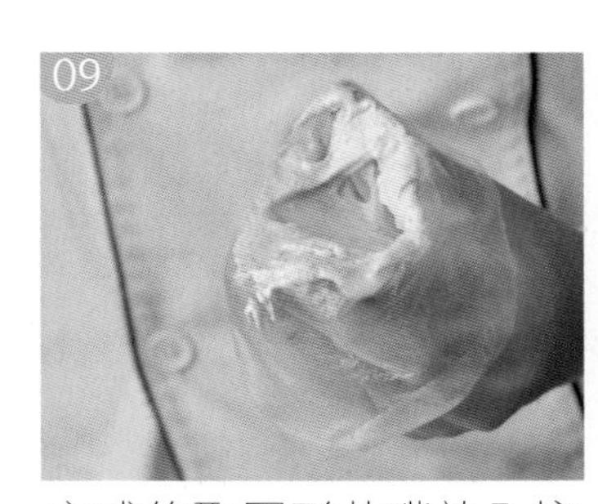

完成後取圓形花嘴放入擠花袋填裝麵糊

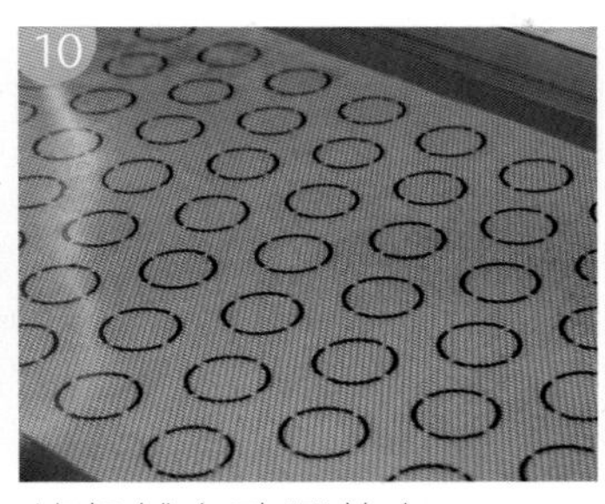

烤盤鋪上矽膠墊布

擠上麵糊

做出造型

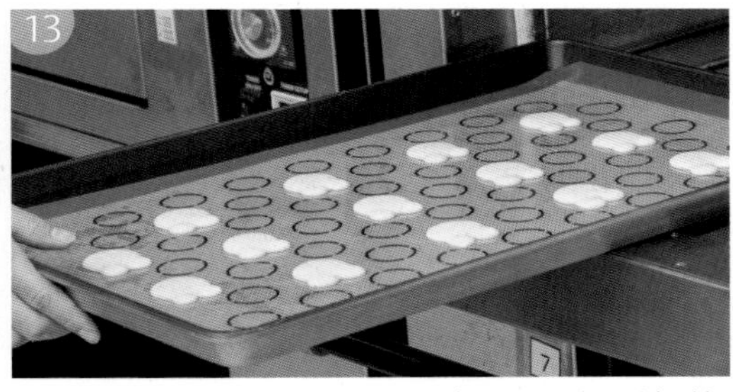

烘烤上火 160° C/ 下火 150° C 烤約 18~20 分鐘

抹茶內餡製作

抹茶粉、奶油乳酪、純糖粉混和

攪拌均勻

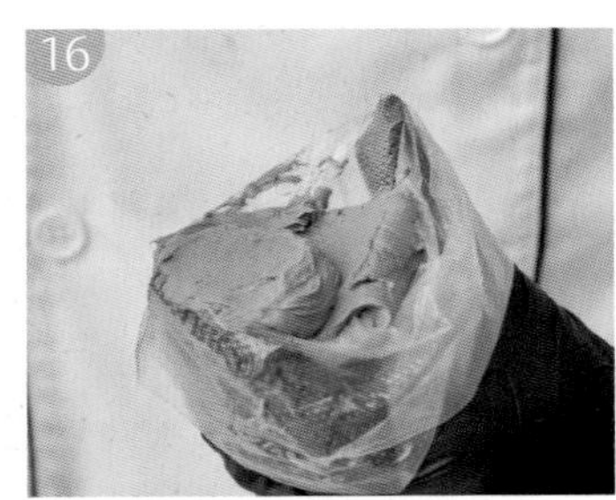

完成後填擠花袋

組合

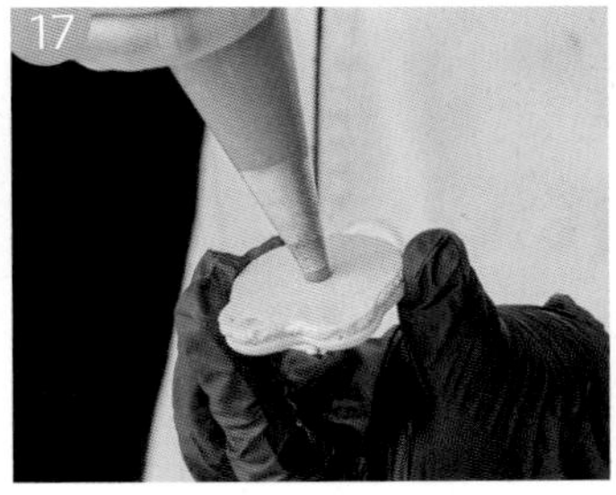

取烤好的餅乾，擠上內餡

完成如圖

再取另一片餅乾蓋上即完成

NO.36

Hazelnut Biscuits

榛果比斯奇脆餅

榛果比斯奇脆餅適合用來放在冰淇淋中搭配食用，其表面能直接看到橫切的榛果果粒，餅皮硬脆爽口，是種相當高級的榛果脆餅喔！

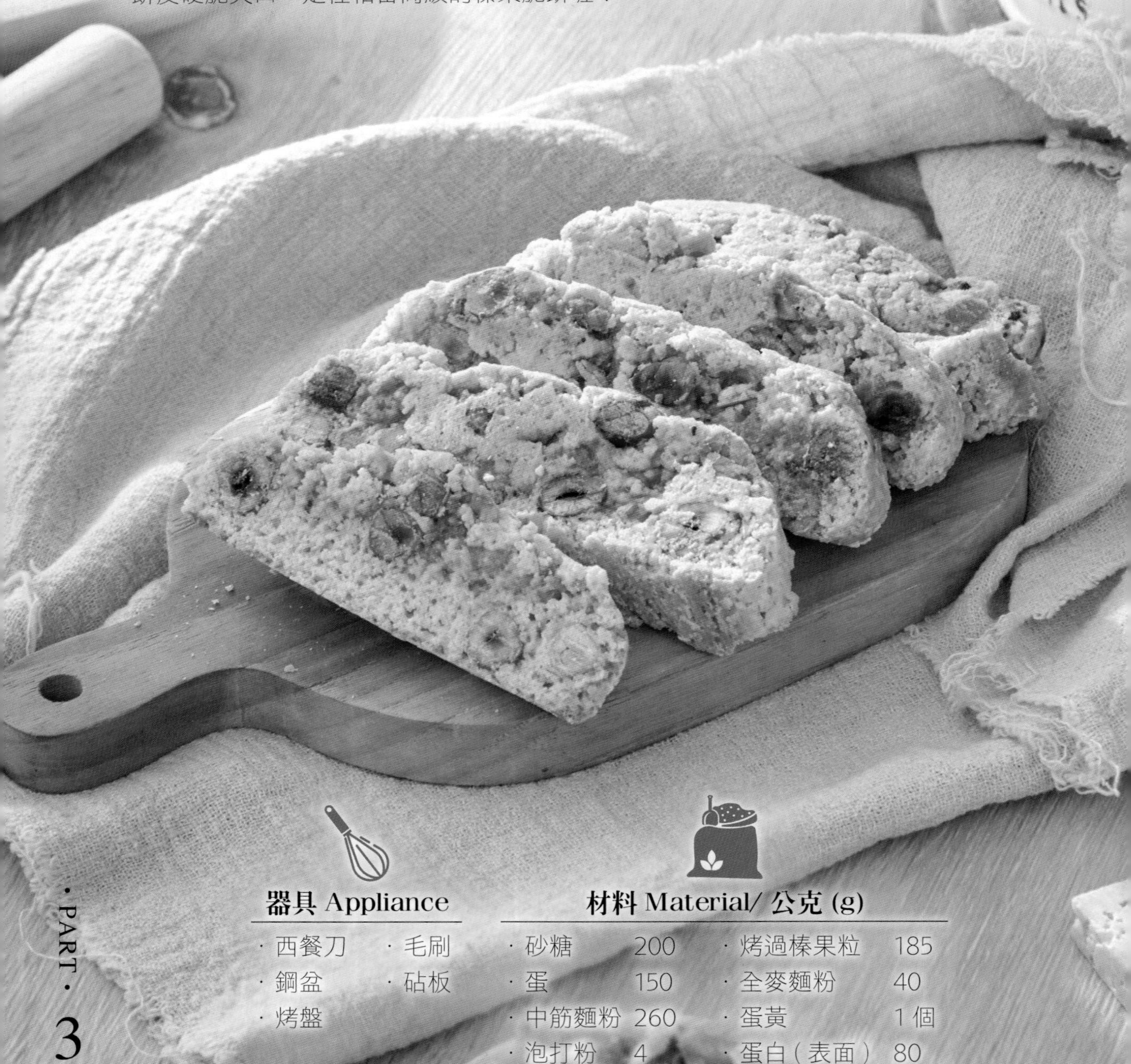

器具 Appliance

· 西餐刀　· 毛刷
· 鋼盆　· 砧板
· 烤盤

材料 Material/ 公克 (g)

材料	公克	材料	公克
砂糖	200	烤過榛果粒	185
蛋	150	全麥麵粉	40
中筋麵粉	260	蛋黃	1個
泡打粉	4	蛋白（表面）	80

作法 METHOD

成品數量：７２個

裝盤重量：１２g

混和

砂糖、蛋、中筋麵粉、泡打粉、全麥麵粉、蛋黃全部攪拌均勻

榛果粒最後下，避免沾到粉

塑型

完成後將麵糰搓揉成長弧狀

表皮擦拭蛋白，鬆弛 25 分鐘

進烤箱後，上火 190° C/下火 170° C 約 13 分鐘表皮半熟化即可

切片與烘烤

出爐待冷卻後，用西餐刀切片約 0.5 公分厚度

將切好整片餅乾平放於烤盤上再進烤箱烘烤一次。溫度上火 180° C/ 下火 180° C 烤約 20 分鐘

NO.37

洛神花達克瓦茲

Roselle dacquoise

器具 Appliance

- 達克瓦茲模具
- 打蛋器
- 擠花袋
- 橡皮刮刀
- 軟刮板
- 圓形花嘴
- 煮鍋
- 木杓

材料 Material

主體材料	公克(g)
蛋白	150
砂糖	75
塔塔粉	2
杏仁粉	90
低筋麵粉	30
糖粉	60
紅麴粉	10
表面糖粉	100

洛神花餡	公克(g)
覆盆子果泥	13
麥芽糖	4
牛奶巧克力	27
奶油	8
白蘭地	2
洛神花醬	13

達克瓦茲起源於十七世紀法國西南部，被庇里牛斯山脈環繞的一座溫泉鄉達克(Dax)，也是當時流行在法國貴族中一道相當重要的點心。
而在法式甜點裡，達克瓦茲原先只是慕斯蛋糕的基底，逐漸演化成豐富的點心個體，當蛋白加砂糖打發裹入杏仁粉，兩片夾果醬內餡，是款相當美味的西式點心喔！

作法 METHOD

成品數量：１５個

裝盤重量：３８g

主材料拌製

杏仁粉、低筋麵粉與紅麴粉過篩混和

糖粉倒入過篩混和

用球狀攪具將蛋白打發至乾性發泡狀態

將拌製好的粉類倒入蛋白

將粉類分兩三次加入攪拌均勻會比較好拌

攪拌均勻

入模

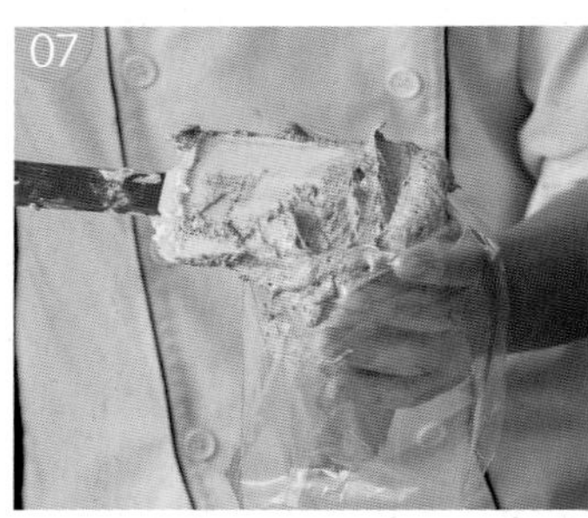
將拌好的麵糊裝進擠花袋中

依序擠入塔圈模中

將多餘麵糊慢慢刮除抹平

脫模

用牙籤在塔圈側邊劃一圈

提起塔圈，讓麵糊與塔圈分離

烘烤

用篩子在麵糊表面篩上薄薄糖粉

靜置兩三分鐘後再撒一次糖粉送入烤箱前靜置三分鐘

放入已預熱至上火170° C/ 下火 170° C 的烤箱，烘烤 24 分鐘即可

內餡製作

覆盆子果泥加麥芽糖煮滾

牛奶巧克力倒入一起煮融

倒入奶油攪拌均勻

最後加白蘭地及洛神花醬攪拌均勻

組合

完成並冷卻後將內餡放入擠花袋，取一餅乾體

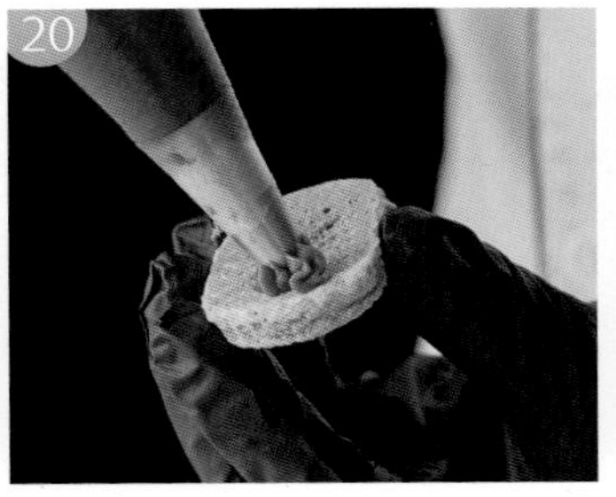

依序擠上

完成後取另一塊餅乾體做夾心

NO.38

Oatmeal Cookies

燕麥葡萄餅乾

當烘烤過的燕麥及泡過酒的葡萄乾一同混和，烘烤製作成燕麥葡萄餅乾，燕麥咀嚼口感細膩，配上葡萄乾的獨特香氣，很適合在早餐時間與熱牛奶及咖啡飲料一起品嚐喔！

器具 Appliance

- 木杓
- 鋼盆

材料 Material/ 公克 (g)

· 細砂糖	220	碎葡萄乾	90
· 奶油	160	燕麥片	210
· 高筋麵粉	125	檸檬汁	1/2 個
· 低筋麵粉	125	檸檬皮	1/2 個
· 蘇打粉	4	蘭姆酒（泡葡萄乾用）	100
· 鮮奶	110		

作法 METHOD

成品數量：9 1 個

裝盤重量：1 2g

預備

葡萄乾預先泡酒

燕麥片微烘烤後再使用

攪拌均勻

所有材料攪拌均勻

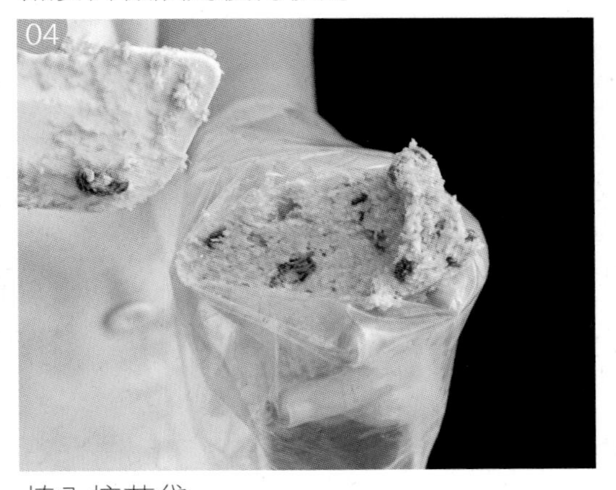
填入擠花袋

烘烤

在烤盤上擠成圓形

進爐烘烤，上火 190° C/ 下火 160° C 烤約 25 分

NO.39

Chocolate Almond Cookies

巧克力杏仁餅乾

典型的巧克力杏仁餅乾，在做法上可塑造成四方形或愛心、圓形。依序擺上烤盤烘烤後，巧克力杏仁餅的風味絕佳，很適合用來做下午茶點心及伴手禮餅乾禮盒。

器具 Appliance

- 西餐刀
- 砧板
- 長鐵尺
- 橡皮刮刀
- 烤盤
- 磅秤
- 烘焙紙

材料 Material/ 公克 (g)

材料	公克	材料	公克
無鹽奶油	195	可可粉	26
糖粉	85	杏仁片	150
蛋	50	奶粉	26
低筋麵粉	350	蛋黃	20

作法 METHOD

成品數量：75個

裝盤重量：12g

預備

01 先將奶油切丁放室溫軟化

02 低筋麵粉、奶粉與可可粉一起過篩拌勻

攪拌

03 奶油與糖粉攪拌均勻

04 雞蛋與蛋黃分次加

05 再加入可可粉與低筋麵粉

06 成糰後加入杏仁片攪拌均勻

切割

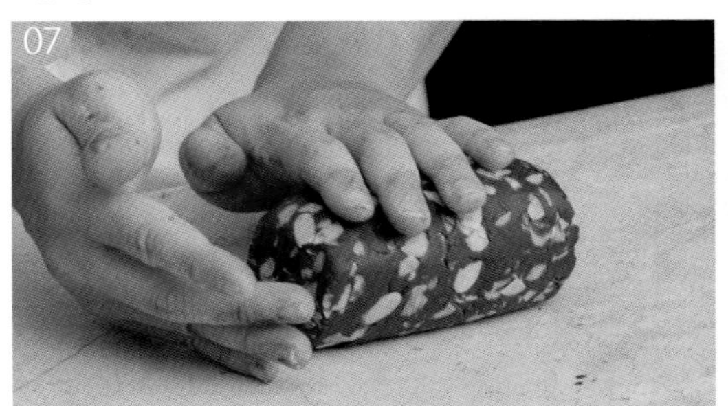

07 搓揉成長形後放冷凍冰箱 40 分

08 分切片厚度約 0.4 公分

烘烤

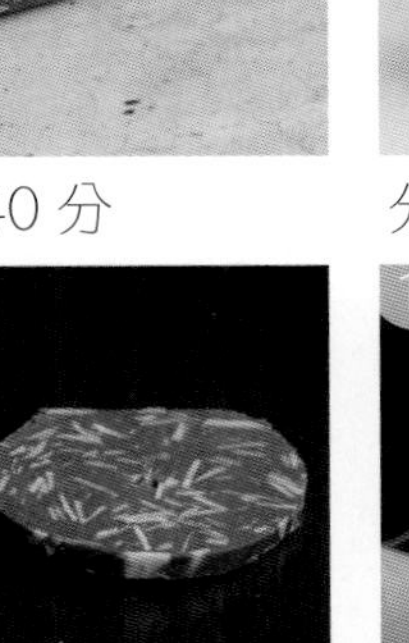

09 依序平放烤盤上

10 上火 170° C/ 下火 160° C 烤約 25 分鐘

NO.40

Almond Tuiles

杏仁瓦片

杏仁瓦片在下午茶及伴手禮餅乾禮盒中是相當熱門的選擇之一。在製作上建議麵糊前一天完成攪拌後放冰箱冷藏冰存，隔天再退冰製作，經過糖化結晶沉澱後，烘烤出來的餅乾表皮才會光亮，餅乾也更酥脆喔！

器具 Appliance

· 湯匙　· 烤盤布
· 鋼盆　· 圓框模
· 磅秤

材料 Material/ 公克 (g)

材料	公克	材料	公克
· 細砂糖	200	· 低筋麵粉	120
· 杏仁片	310	· 蜂蜜	30
· 沙拉油	45	· 蛋白	210

作法 METHOD

成品數量：44個

裝盤重量：20g

主體製作

01 細砂糖、蜂蜜與沙拉油一起混和

02 加熱融化

03 加入蛋白

冷藏

04 低筋麵粉倒入攪拌均勻

05 再與杏仁片攪拌均勻

06 覆蓋保鮮膜後放入冷藏，冰一天

塑型

07 烤模放上烘焙烤盤布，放上圓框模

08 將杏仁片漿糊略微攪拌，使用湯匙倒進烤盤內

烘烤

09 脫模成型

10 上火 180° C/ 下火 160° C 烤約 25 分

NO.41

諾曼地蘋果塔

Normandy Apple Tart

器具 Appliance

- 9吋活動式齒邊模
- 擠花袋
- 叉子
- 煮鍋
- 篩網
- 烤盤
- 磅秤
- 西餐刀
- 削皮器
- 刮板

材料 Material

塔皮材料	公克(g)
· 低筋麵粉	225
· 杏仁粉	65
· 糖粉	80
· 鹽	少許
· 奶油	125
· 全蛋	1個

焦糖蘋果	公克(g)
· 蘋果	5顆
· 奶油	35
· 砂糖	90
· 白蘭地	20
· 檸檬半顆	泡蘋果水用

杏仁內餡	公克(g)
· 全蛋	2個
· 砂糖	70
· 杏仁粉	130
· 白蘭地	15
· 奶油	65
· 蛋黃	2個

這是一道來自法國諾曼第，極負盛名的甜點，當杏仁塔皮加上奶油內餡，放入焦糖翻炒過的新鮮蘋果後再烘烤，酥脆酸甜好滋味，無論是冰冷或加熱後品嚐，都相當具有特色呢！

作法 METHOD

成品數量：2個

裝盤重量：608g

塔皮製作

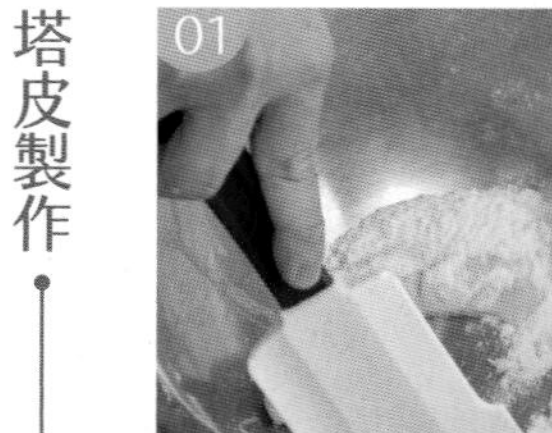

01 將糖粉、鹽、無鹽奶油、全蛋攪拌均勻

02 加入過篩後的杏仁粉與低筋麵粉

03 塔皮攪拌完成後，放入冷凍冰存 30 分鐘

04 冰存 30 分鐘後取出擀平

05 在 9 吋活動烤模上製作成型

06 底部需打孔，完成後進冰箱冷藏鬆弛 2 小時

杏仁內餡

07 奶油、砂糖倒入攪拌缸一同用球狀攪具打發

08 再把雞蛋及蛋黃分次加入

09 最後加入杏仁粉打發到乾性發泡

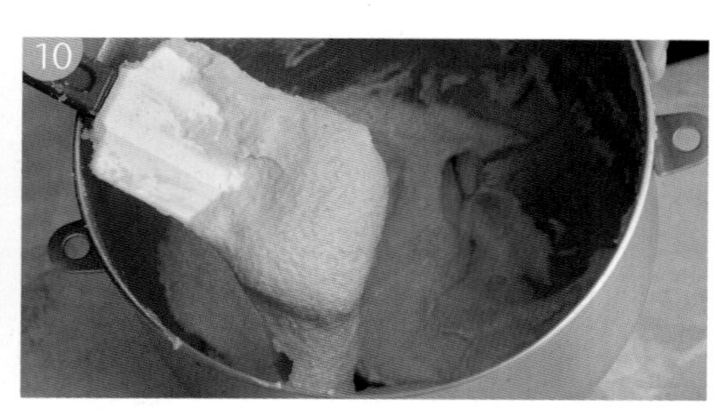

10 打發到乳白色狀態，完成備用

焦糖蘋果

蘋果削皮後，一顆可分切成弧狀八等份。為避免氧化可先泡檸檬水備用。

砂糖與奶油一同倒入鍋中煮至焦化

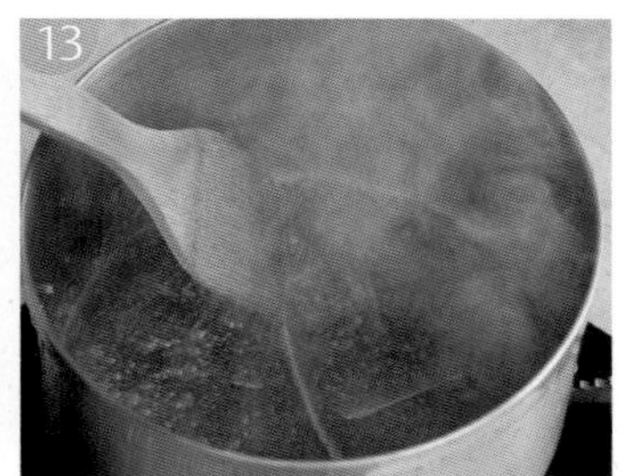
焦化後加入白蘭地酒

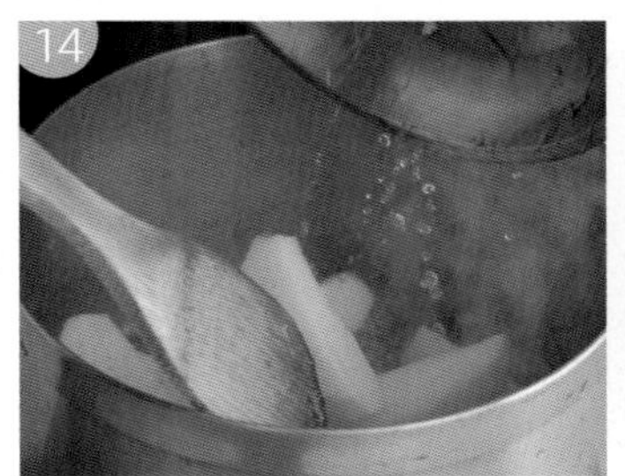
再將蘋果放入攪拌均勻，放入時要小心噴濺

將焦糖均勻裹上蘋果

成品如圖，放涼備用

組合

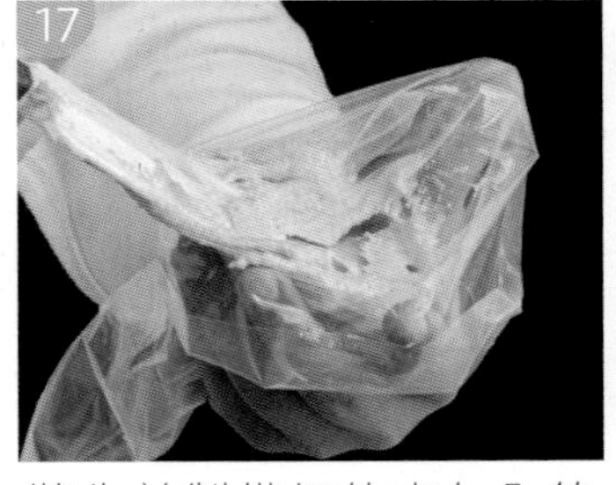
將先前製備好的杏仁內餡放入擠花袋

擠入塔皮

再依序放上焦糖蘋果後即可入爐烘烤

上火 190° C/ 下火 220° C 烤約 45 分鐘

出爐後可擦糖水或鏡面果膠

NO.42

法式焗烤鹹味塔

French Potato Gratin Pie

器具 Appliance

· 9 吋活動式齒圓模
· 西餐刀
· 砧板
· 煮鍋
· 削皮器
· 擀麵棍
· 打蛋器
· 量杯

材料 Material

鹹派皮	公克 (g)	鹹派內餡	公克 (g)
· 低筋麵粉	254	· 九層塔葉	8 片
· 水	38	· 洋蔥	200
· 鹽	2	· 培根	5 片
· 奶油	150	· 馬鈴薯	65
· 全蛋	1 個	· 起士絲	200
		· 切片牛番茄	2 個

蛋液	公克 (g)	調味料	公克 (g)
· 酸奶油	85	· 肉豆蔻	適量
· 全蛋	3 個	· 粗黑胡椒粒	適量
· 鮮奶	150	· 鹽 / 烤過白芝麻	2
· 動物鮮奶油	150		

先將派麵做成派模烤熟，以熟皮生餡的方式烘烤，派模內再放入馬鈴薯培根及洋蔥、花椰菜，倒入濃郁的起士鮮奶油、蛋汁後撒上起士絲。
經烘烤後凝固，趁熱品嚐風味極佳，相當適合在午晚餐間食用喔。

作法 METHOD

成品數量：2 個

裝盤重量：7 5 7g

塔皮製作

將所有材料攪拌均匀，完成後放入冷凍冰存 30 分鐘

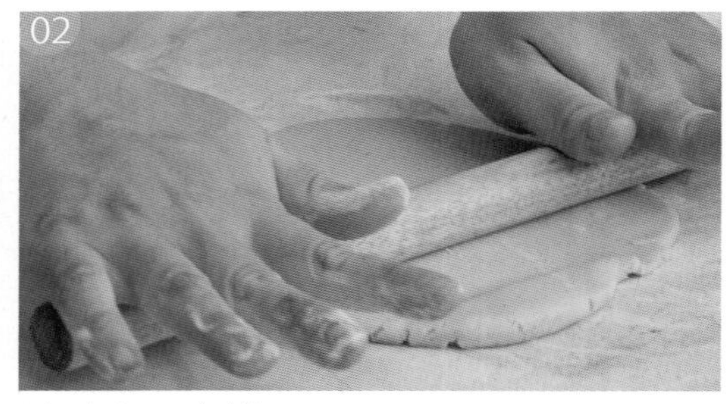
冰凍完取出擀平

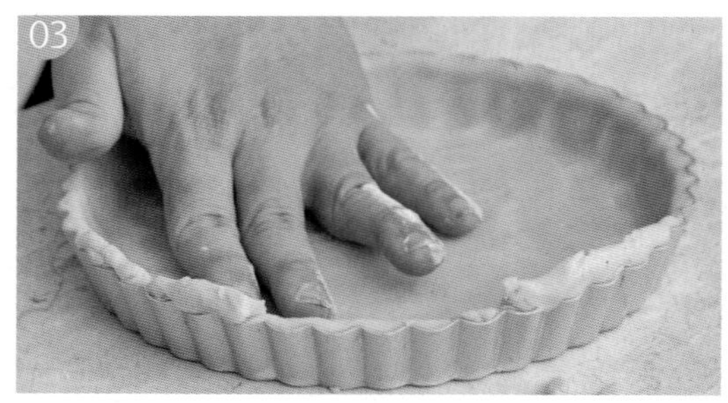
在 9 吋活動烤模上製作成型

底部打孔後進烤箱，上火 200° C/ 下火 210° C 烤 25 分

蛋液製作

將蛋液材料依序混勻煮製

加入調味料煮製完成

鹹派內餡炒製

培根入鍋炒製

炒製洋蔥

TIPS 重點小技巧

鹹派內餡的食材分別入鍋炒製完成，再分別起鍋放涼備用

組合

09 塔皮烤熟後略為冷卻，加入鹹派內餡材料

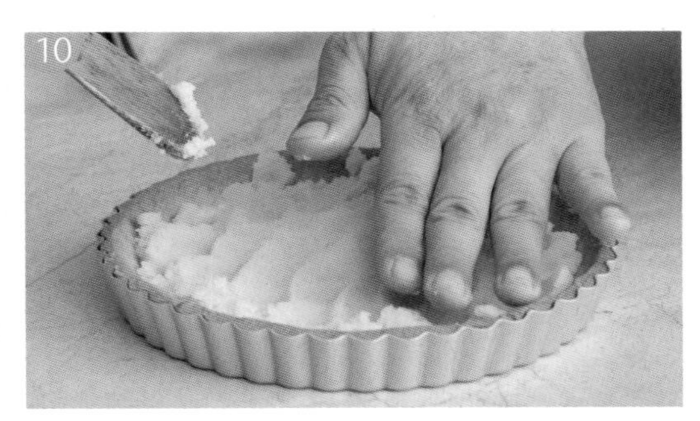

10 鋪平薯泥

11 放上洋蔥與培根

12 放上九層塔葉，洋蔥與起司絲

二次烘烤

13 最後倒入先前製作好的蛋液

14 上火 190° C/ 下火 220° C 烤約 45 分鐘

出爐

15 完成後脫模

16 表面擦橄欖油

17 再撒上烤過的白芝麻

NO.43

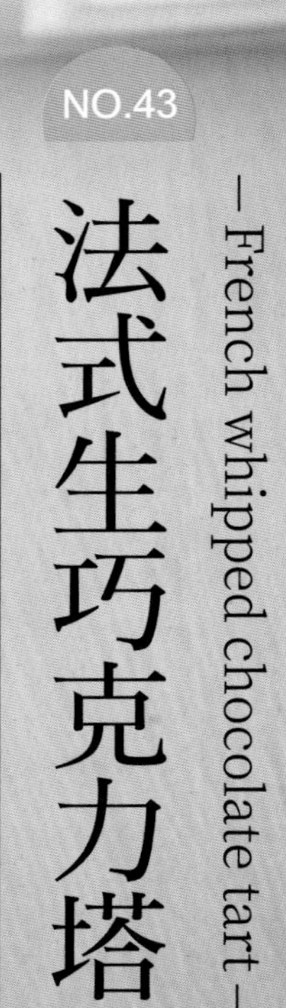

法式生巧克力塔

— French whipped chocolate tart —

器具 Appliance

- 活動式齒形塔模
- 橡皮刮刀
- 抹刀
- 軟刮板
- 粉篩網
- 木杓
- 煮鍋

材料 Material

塔皮材料	公克 (g)
· 低筋麵粉	250
· 可可粉	43
· 奶油	180
· 糖粉	75
· 全蛋	1 個

甘納許內餡	公克 (g)
· 70% 苦甜巧克力	270
· 動物性鮮奶油	285
· 葡萄糖漿	40
· 奶油	60
· 白蘭地或萊姆酒	55

表面裝飾	公克 (g)
· 可可粉	適量
· 防潮糖粉	適量
· 烤過整顆核桃	12 個

甜塔皮搭上 70% 的苦甜巧克力做出的生巧克力餡，表面如同鏡面般亮麗，巧克力入口即化，生巧克力風味十足迷人，令人齒頰留香，回味無窮！

作法 METHOD

成品數量：2 個

裝盤重量：6 6 9g

將塔皮所有材料一同攪拌均匀

攪拌均匀後放入冰箱冷凍 25 分

時間到後取出擀平

放入活動式齒形塔模

圍邊切平

底部戳孔，進冰箱，冰硬後取出，上火 190° C/ 下火 200° C 烤熟 25 分

內餡製作

07

動物鮮奶油煮滾

煮滾後倒入 70% 苦甜巧克力和葡萄糖漿中

放入奶油攪拌均勻

最後再加入白蘭地或萊姆酒煮，完成如圖

組合

將內餡倒入已烤好塔皮內

表面用抹刀抹平

裝飾

用核桃點綴

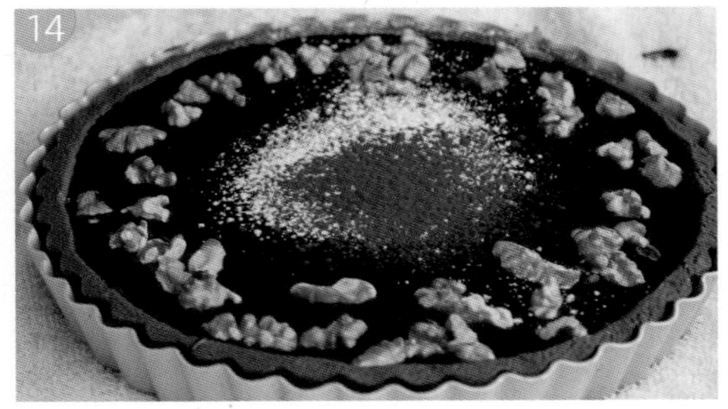

表面裝飾可可粉、防潮糖粉

4

創新烘焙
節慶伴手禮

NO.44

Original pineapple cake

高纖土鳳梨酥

土鳳梨是台灣的特有種，其果肉高纖，若在奶油酥皮內搭配添加麥麩的內餡，口感酥鬆酸甜，絕對是款佳節拜訪送禮最佳首選喔！

器具 Appliance

· 鳳梨酥模具
· 磅秤
· 打蛋器
· 切麵刀
· 篩網

材料 Material

主體材料	公克 (g)
· 奶油	220
· 起士粉	12
· 奶粉	24
· 蛋	1 個
· 煉奶	48
· 鹽	1
· 糖粉	60
· 中筋麵粉	300
· 麥麩	25

內餡	公克 (g)
· 土鳳梨餡	600
· 奶油	35

作法 METHOD

成品數量：４０個

裝盤重量：３５g

麵糊製作

01 奶油加糖粉加鹽打發

02 再加入雞蛋打發後加入煉乳，用槳狀攪具攪拌均勻，完成備用

03 起士粉與中筋麵粉過篩後，加入麥麩攪拌均勻

04 取一半攪拌均勻完成的粉類加入麵糊，攪拌均勻後鬆弛 20 分鐘

內餡製作

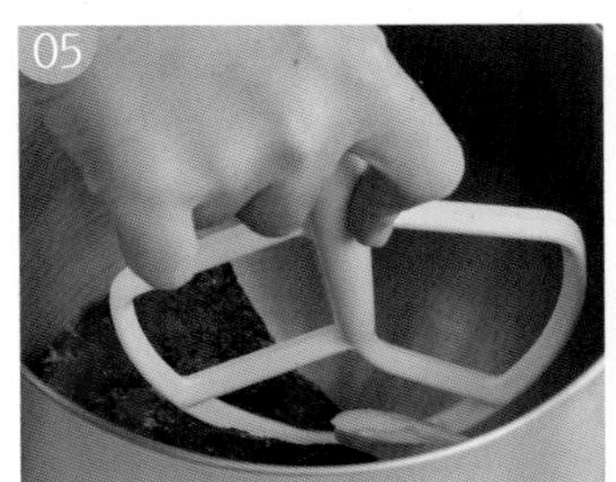
05 內餡土鳳梨餡加奶油

06 攪拌均勻後，取餡和餅皮，重量比例約為1比1.5

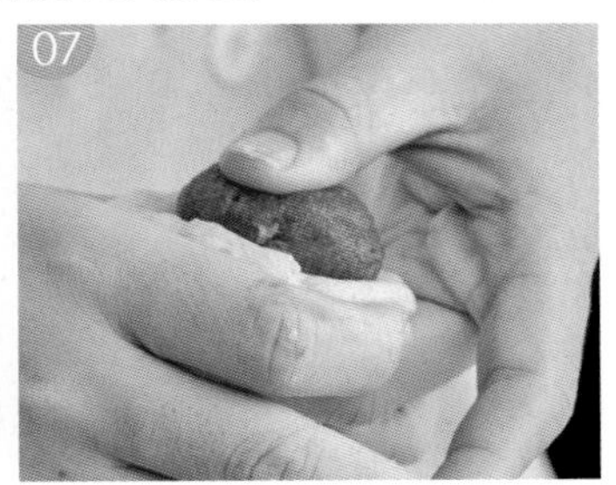
07 將餡包入餅皮

烘烤

08 完成後裝入烤盤上的模具上，表面壓平

09 上火 200° C/ 下火 210° C 烘烤十二分後轉底面

10 再烘烤到底部著色

NO.45

Daifuku Dorayaki

大福銅鑼燒

銅鑼燒最早的起源據説是日本平安時代一位武將在受傷後接受民眾治療，傷癒離開時為了答謝，便用小麥粉和水調製麵糊，在銅鑼上烙出兩張圓麵皮夾紅豆餡製成點心回贈，成為現今銅鑼燒的原型。因其狀似銅鑼，所以取名為「銅鑼燒」。

材料 Material

主體材料	公克 (g)	主體材料	公克 (g)	內餡	公克 (g)
·全蛋	200	·奶油	25	·紅豆餡	360
·低筋麵粉	235	·鮮奶	20	·白麻糬	500
·糖	80	·水	20		
·蜂蜜	50	·味霖	15		
·小蘇打	4				

作法 METHOD

成品數量：４０個

裝盤重量：３５g

麵糊製作

低筋麵粉過篩備用

全蛋與糖混合均勻

加入蜂蜜、鮮奶、水等液態材料

加入麵粉和小蘇打拌均勻至無顆粒狀

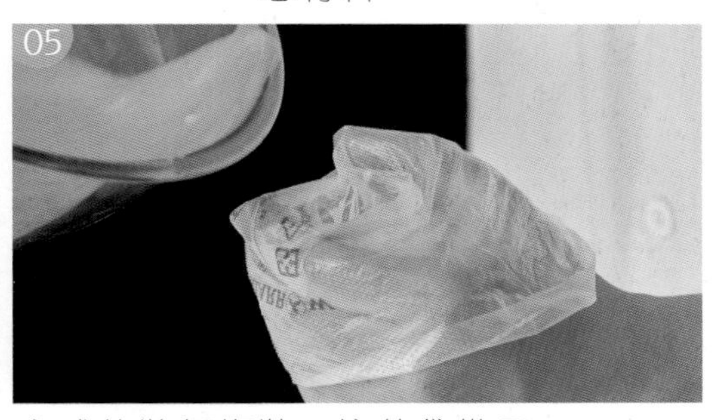
完成後將麵糊裝入擠花袋備用

組合

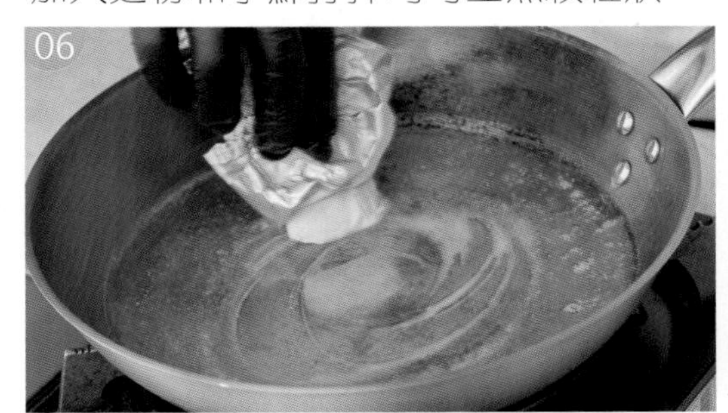
平底鍋塗奶油預熱

麵糊擠至平底鍋呈平片狀

兩面煎至上色出鍋放涼

放涼後夾餡

NO.46

Original Rolls

酥皮蛋捲

口感酥鬆，風味香脆的年節伴手禮－芝麻酥皮蛋捲，是平時午茶點心的最佳良伴，若使用真空包裝，更能延長它的保存期限喔！

器具 Appliance

- 蛋捲機
- 蛋捲棍棒
- 打蛋器
- 湯匙
- 鋼盆
- 木杓

材料 Material/ 公克 (g)

- 奶油 100
- 白油 150
- 砂糖 200
- 鹽 2
- 雞蛋 280
- 蛋黃 2個
- 低筋麵粉 200
- 烤過白芝麻 100

作法 METHOD

成品數量：２０條

裝盤重量：２５g

主材料攪拌均勻

奶油加白油與砂糖

打發成乳白色

雞蛋與蛋黃分三次加入

打發

最後拌入低筋麵粉和白芝麻

捲製與完成

蛋捲機提前加熱設定溫度 180° C

機器抹油

倒上麵糊後放下上盤進行壓製

打開機器，放上長棍捲製

NO.47

鹽之花風味辣條

— Salt flower flavor spicy strips —

器具 Appliance

- 西餐刀
- 長尺
- 烤盤
- 毛刷
- 擀麵棍

材料 Material

主體材料	公克(g)	裝飾	公克(g)
· 無鹽奶油	455	· 烤過白芝麻	25
· 細砂糖	205	· 蛋白	150
· 海鹽	9		
· 雞蛋	100		
· 墨西哥紅椒風味粉	15		
· 乾燥洋蔥絲	10		
· 比薩絲	100		
· 低筋麵粉	620		
· 奶粉	45		
· 辣椒乾(切丁)	20		
· 蛋黃	20		
· 高筋麵粉	85		

鹽之花風味辣條是一款硬條棒麵包，加了海鹽、墨西哥紅椒風味粉、乾燥洋蔥絲及切丁辣椒乾，若在表面沾上白芝麻，便成了一款相當具有特色的辣條麵包，很適合跟瓶酒及飲料搭配享用喔！

作法 METHOD

成品數量：６０條

裝盤重量：２５g

麵糰製作

01 鹽、糖、麵粉與奶粉混勻

02 加入雞蛋

03 加入奶油

04 剩餘材料也一同加入，用槳狀攪具攪拌均勻

05 可依個人口味加入適量辣椒

06 攪拌均勻成糰

壓延

07 成糰後取出用手壓延

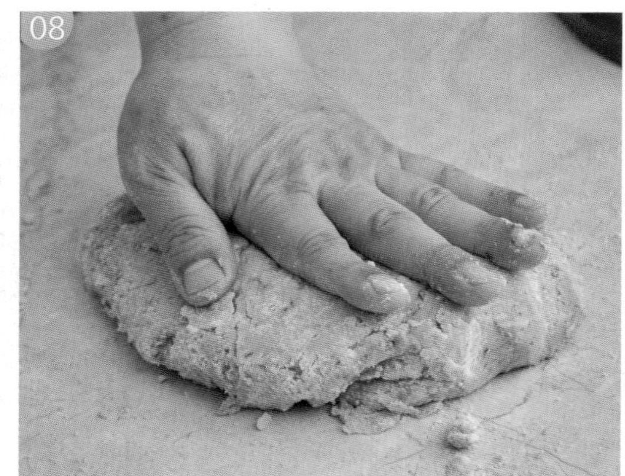

08 壓延成扁平狀

冷凍

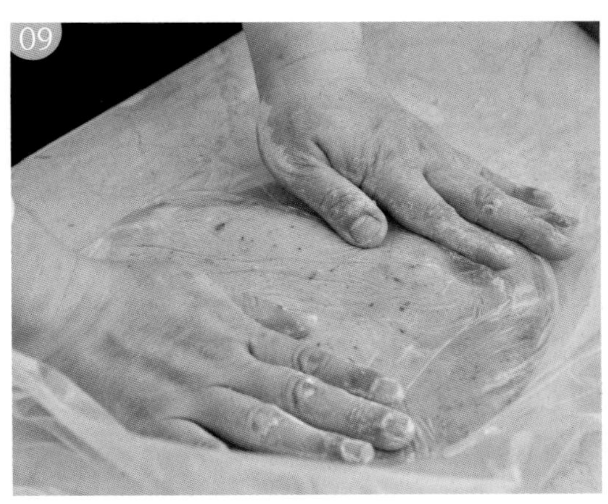

包入塑膠袋

壓延開後放入冰箱冷凍

切割

冷凍完成後取出，切割成長條狀

表面擦蛋白

烘烤

沾上烤過白芝麻

進烤箱上火 190° C/ 下火 180° C 烤 25 分

01 烤箱／烤盤／發酵箱

1. 專業烤箱有分電烤箱、瓦斯、柴火等，一般作業用烤箱都橫向分層式電烤箱居多，也有直立式與台車式柴油或電力旋風烤箱、隧道爐式電烤箱，更先進有紅外線熱烘電力烤箱，一般電力烤箱預熱溫度上火 150°C/ 下火 150°C 需 20 分鐘左右。

2. 梅納反應是糖和胺基成分的化學反應，1912 年時由法國科學 Maillard（梅納）所提出故得名，又稱美拉德反應、羰胺反應，是廣泛分布於食品工業的非酶褐變反應，烤麵包機烤吐司時，食材會變成褐色並散發出好聞的焦香味，這些現象都與梅納反應有關。(資料來源：維基百科 2023/11/26 新修訂)

3. 烘烤歐式麵包或法國麵包時，所用的烤箱內需加裝蒸噴噴霧器及底面石烤板，才能使麵包表皮硬脆，底部挺立膨脹

4. 烘烤法國長棍及歐式麵包時，會在發酵後麵包表面上，使用薄刀片切格畫出橫線或交叉刀線，以利烤培時麵糰散熱出口，穩定熱烤膨脹，讓麵包烤焙時造型不易崩發走樣。

5. 烘焙專業烤箱的右側都會有裝置通風閥桿，是在上火爐溫度過高時，即時散熱降低溫度時使用。

6. 烘烤蛋糕或麵包時，烤盤因受熱對邊斜角翹起，有可能是烤盤材質厚度過輕薄或烤前產品位置擺設不平均導致

7. 一般夏天天氣下，麵糰攪拌完成後溫度：甜麵包奶油麵包與歐式雜糧麵包 26~28°C、法國麵包 25~26°C、裹入油類麵糰 25~26°C 為最適當。

8. 發酵箱使用設定時，基本發酵 27~28°C 濕度 70% 以上，最後發酵溫度 30~32°C 濕度 80% 以上

9. 已烤好麵包，冷卻後在加熱時，進烤箱前需在表皮噴點水霧，補足水份以麵包在烘烤時快速流失，導致麵包口感乾糙無味

10. 使用前烤箱底火溫度過高時，可在底部多墊塊烤盤或將爐架往中間墊高使用，避免產品底部焦黑

11. 避免產生產品烘烤後底部包裝完發霉，建議產品出爐後放在成品網框內，可避免散熱時水蒸氣遺留底部

12. 麵糰從發酵箱取出時表皮乾硬其原因，發酵箱濕度設定不足，使用者發酵箱門未妥善關閉所導致

13. 水浴式蒸烤乳酪蛋糕時，需使用四周圍邊高度達 5 公分的深烤盤，並需倒入水達 1/2 以上高度，以利浴蒸烤時避免底火太高產生蛋糕體爆裂。

14. 在家製作歐式麵包烘烤時，缺乏蒸氣設備，可將白色鵝卵石塊放入一個容器內先烤熱後，再倒入熱水關烤箱門，使其蒸氣遍佈在烤爐內蒸發。

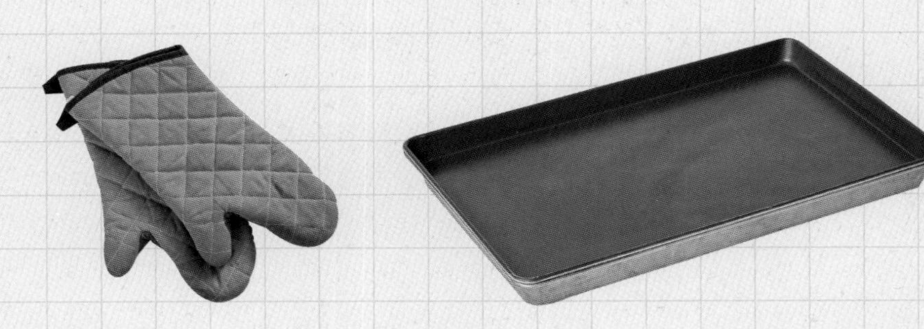

02 攪拌機／均質機／壓麵機

1. 一般攪拌機使用配件有三項，勾狀攪拌器常使用於麵包麵糰攪拌、划槳狀常使用於餅乾餡料攪拌、蛋糕打發起泡常使用於球狀攪拌器。

2. 當製作甜點慕斯或巧克力餡料時，要杜絕餡料裡面的空氣產生，可選擇使用均質機，均質攪拌後產品質地與口感會更細膩紮實。

3. 一般烘焙用壓麵整形機，基本使用有手控及腳踏兩式操作，而兩有手控式安全蝶翼護板，而電源也有分緊急開關跟一般電源開關。

4. 攪拌機種類有：桌上型攪拌機、直立式攪拌機、旋轉桶式攪拌機、雙槳式攪拌機及自動化設定攪拌機等，需加裝防護網罩與緊急安全電源觸壓開關，以確保使用者操作時安全無慮。

5. 壓麵整形機其左右輸送條帶，使用完需整潔乾淨，切勿用水直接沖洗，避免發霉納垢，操作機種下方有剩漏麵粉也須每次清理乾淨。

6. 均質機所轉動使用的三片旋轉刀片極鋒利，清洗前需小心割傷手指，並以工具熱水沖洗為最快清潔又安全。

7. 攪拌機清洗時避免將水潑入攪拌勾上面軸台，會引起機器機油滴落影響產品衛生，攪拌機變換攪拌段速時也需以使用規定使用，不可超量攪拌引起馬達故障無法使用。

03 冰箱／工作臺／麵粉材料儲藏

1. 烘焙業冰箱分別為：冷凍、冷藏、急速冷凍與臥櫃及台車型走入式冰箱等。

2. 正常使用中冰箱溫度參考：急速冷凍 -36°C 以下，一般冷凍 -18°C 以下，一般冷藏 7°C 以下，放冷藏冰箱時需注意產品類屬性，冷藏會蒸發水分以致表皮乾裂，無論放那種冰箱冰存烘焙糕點產品都需再用保鮮膜或密閉盒封密保存，不可與生鮮食材或高風味物品食材(如;榴槤水果、人參等)冰存一起，避免異味滲入糕點內導致全部都不能再販賣銷售。

3. 烘焙用工作檯會有抽屜及層架隔間跟水槽及大理石板與攪拌機組搭配使用，因每日使用量時間很長，需每日打掃清潔，定期消毒殺菌，確保生產時合乎食品工業衛生安全要求。

4. 烘焙用麵粉及材料儲藏非常重要，其存放空間室內溫度為 18~24°C 相對溼度為 60% 上下，陰涼通風處，不可有陽光照射或雨水滲入，更不可直接接觸地面，需使用棧板墊高隔離或放置層架，杜絕蚊蠅蟲害孳生。

5. 拆封過物料未使用完，一律要在裝罐盒或夾鏈密封，避免物料受潮發霉或風味消散走失。

6. 材料存放儲藏時，需乾、溼分開，使用前後需新、舊分明陳列，要標示使用期限，若成品或材料有出現異味，崩裂或被生鮮感染發霉時，一律不可再添加使用製作。

烘焙專業英文

01 粉類

高筋麵粉 Bread flour
中筋麵粉 All purpose flour
低筋麵粉 Cake flour
全麥粉 Whole wheat flour Custard powder
卡士達粉 Custard powder
玉米澱粉 Corn starch
泡打粉 Baking powder
蘇打粉 Baking soda
塔塔粉 Cream of tartar
杏仁粉 Grated almond powder
起司粉 Grated cheese
椰子粉 Grated coconuts Green tea powder
抹茶粉 Instant coffee powder
可可粉 Unsweetened cocoa powder
榛果粉 Grated hazelnut powder
糖粉 Powdered sugar
奶粉 Milk powder

02 油類

發酵奶油 Cultured butter
無鹽奶油 Unsalted butter
無水奶油 Clarified butter
焦化奶油 Caramel butter
巨蛋奶油 Velvet butter
植物性鮮奶油 Hydrogenated whipping cream
植物鮮奶油 Heavy cream
沙拉油 Soy oil
奶油 Butter
酸奶油 Sour cream
白芝麻油 White sesame oil
奶油乳酪 Cream cheese
馬斯卡邦起司 Mascarpone

03 酒類

蘭姆酒 Rum
白蘭地酒 Brandy
紅酒 Red wine
白色柑橘利口酒 Orange liqueur
可可利口酒 Cocoa liqueur
草莓利口酒 Strawberry liqueur

04 巧克力

苦甜巧克力 Bitter sweet chocolate
黑巧克力粉 Dark chocolate powder
巧克力豆 Chocolate chips
白巧克力 White chocolate
牛奶巧克力 Milk chocolate
可可脂 Cocoa fat
葉子巧克力 Leaf shape chocolate

05 果乾與果泥

葡萄乾 Raisins
蔓越莓乾 Cranberries
芒果果泥 Mango puree
栗子果泥 Chestnut puree
椰子果泥 Coconut puree
鳳梨果泥 Pineapple puree
香蕉果泥 Banana puree
草莓果泥 Strawberry puree
洋梨果泥 Pear puree
百香果果泥 Passion fruit puree
覆盆子果泥 Raspberry puree
哈密瓜果泥 Sweet melon puree
小紅莓果泥 Red currant puree

06 堅果類

黑棗	Black dates
榛果粒	Hazelnuts
榛果醬	Hazelnut paste
核桃碎	Chopped walnut
胡桃	Pecan
焦糖胡桃	Caramel pecan
核桃	Walnuts
杏桃乾	Dry apricot
杏桃	Apricot
開心果	Pistachios
開心果醬	Pistachio paste
杏仁果	Almond
杏仁片	Almond chips
松子	Pine nuts
夏威夷豆	Macadamias
栗子粒	Chestnuts
栗子碎	Coarsely chopped chestnuts
栗子醬	Chestnut paste
無糖栗子餡	Unsweetened chestnut filling
日式栗子餡	Japanese chestnut filling
蜜漬栗子餡	Sugar preserved chestnuts
無花果乾	Dried fig
無花果餡	Fig filling
燕麥片	Oat flakes
白芝麻	White sesame

07 蔬果類

蔓越莓丁	Chopped cranberry
百香果汁	Passion fruit juice
覆盆子果粒	Fresh raspberries
檸檬汁	Lime juice
紅蘿蔔絲	Carrot julienne
紅蘿蔔汁	Carrot juice
柳橙皮	Orange zest
冷凍覆盆子粒	Frozen raspberries
黑莓果粒	Blackberries
小紅莓果汁	Red currant juice
檸檬皮絲	Lime zest

08 其它

水	Water
礦泉水	Mineral water
糖	Sugar
二號砂糖	Light brown sugar
鹽	Salt
全蛋	Whole egg
蛋黃	Egg yolk
蛋白	Egg white
蛋黃粉	Egg yolk powder
蜂蜜	Honey
楓糖	Maple syrup
杏仁膏	Almond paste
鏡面果膠	Mirror gelatin
葡萄糖漿	Glucose syrup
焦糖糖液	Caramel syrup
轉化糖漿	Invert sugar
麥芽糖	Maltose
水麥芽	Light malt sugar

大師精選輯
Master featured

陳文正的世界烘焙
Chen wen-zheng's baking world!

烘焙生活 50

作　　者	陳文正
總 編 輯	薛永年
美術總監	馬慧琪
文字編輯	賴甬亨
美　　編	陳亭如
攝　　影	張馬克
業務副總	林啟瑞
特別感謝 協力製作	黃鉑傑、戴安逸、楊欣茹、何閔恩、鄭睿峰、 林珈萱、邱苡禎、陳韋蓁

國家圖書館出版品預行編目 (CIP) 資料

大師精選輯 陳文正的世界烘焙 / 陳文正著 . -- 一版 .
-- 新北市 : 上優文化事業有限公司， 2024.02
176 面 ;19x26 公分 . -- (烘焙生活 ;50)
ISBN 978-957-9065-90-0(平裝)
1.CST: 點心食譜
427.16　　113000704

出 版 者	上優文化事業有限公司
地　　址	新北市新莊區化成路 293 巷 32 號
電　　話	02-8521-3848
傳　　真	02-8521-6206

總 經 銷	紅螞蟻圖書有限公司
地　　址	台北市內湖區舊宗路二段 121 巷 19 號
電　　話	02-2795-3656
傳　　真	02-2795-4100
Email	8521book@gmail.com (如有任何疑問請聯絡此信箱洽詢)

網路書店	www.books.com.tw 博客來網路書店
出版日期	2024 年 02 月
版　　次	一版一刷
定　　價	450 元

上優好書網

FB粉絲專頁

LINE 官方帳號

Youtube 頻道